谁的人生不经历低潮，有路就好

译夫——编著

国家一级出版社　中国纺织出版社　全国百佳图书出版单位

内 容 提 要

世间万物总是风水轮流转，人生的起伏不定寓意着低潮和高潮，谁的人生不经历低潮，有路就好，一切都会过去，好运气总会到来。

本书如同你人生旅途中的一个知心朋友，娓娓道来那些关于低潮时的情绪、心态，解你忧愁，予你信心，让你在低潮时不孤单，让你在低潮时积蓄能量，陪你度过低潮期而后重扬人生风帆。

图书在版编目（CIP）数据

谁的人生不经历低潮，有路就好 / 译夫编著. —北京：中国纺织出版社，2019.4（2023.5重印）
ISBN 978-7-5180-5961-4

Ⅰ.①谁… Ⅱ.①译… Ⅲ.①人生哲学—通俗读物 Ⅳ.①B821-49

中国版本图书馆CIP数据核字（2019）第028708号

责任编辑：闫 星　　特约编辑：王佳新　　责任印制：储志伟

中国纺织出版社出版发行

地址：北京市朝阳区百子湾东里A407号楼　邮政编码：100124

销售电话：010—67004422　传真：010—87155801

http：//www.c-textilep.com

E-mail：faxing@c-textilep.com

中国纺织出版社天猫旗舰店

官方微博http：//weibo.com/2119887771

永清县晔盛亚胶印有限公司印刷　各地新华书店经销

2019年4月第1版　2023年5月第3次印刷

开本：710×1000　1/32　印张：6.5

字数：172千字　定价：48.00元

前言

人生漫漫长路，总会遇到顺境或逆境，当一个人遇到挫折甚至打击时，那就是处于人生低潮了。或许，你正处于这样的日子，低潮就这样一直持续着，激不起半点浪花。为什么自己要这样活着？为什么别人就能一帆风顺？

其实谁的人生不经历低潮呢？你所看见的光鲜亮丽的背后依然是难以启齿的痛苦和悲哀，只是转过身的泪水不让你看见罢了。没有人的一生都一帆风顺，总有处于低潮的时候。但人们之所以有不一样的人生结局，在于他们处于低潮期的心态以及行动。有的人处于低潮时，便像是焉了的花儿，再也无生气，他们找不到前进的目标，也无法重新鼓足勇气，索性破罐子破碎，那么低潮对于他们来说永远没有期限；有的人处于低潮时，马上调整心态振作起来，既然人生给予自己一个挑战，不妨当做养精蓄锐的好时机吧，于是他们休养生息，静待机会东山再起。人生就是这样，选择比改变本身更重要，当我们选择了什么样的方式，便会从内到外改变自己。谁的人生不经历低潮呢？只要前方有路就好。

当我们处于低潮时，当下最要紧的是让内心处于安静，静心处之，净化自己的心灵，学会自我审视，在痛苦与煎熬中思索，心境便会渐渐经历一番柳暗花明，逐渐调整对生活和成功的预期。一方面调整心态，不再好高骛远，合理看待自身的能力和梦想；另一方面积蓄能量，充实自己，继续学习，只有自己强大了，才能做出更大的事业。当我们让自己变得强大之后，再以坦然的心境看待人生，便会发现生活充满了愉悦和惊喜。

编著者

2018年6月

目录

第 01 章

挫折不能回避，低潮是为高潮蓄力

在人生的旅途中，挫折是不可回避的命题，我们或许会错过幸福，但一定不会错过挫折。人生总不会一帆风顺，往往因为挫折而绚丽多彩，当我们战胜挫折后迎接成功的时候，就会意识到挫折是很有意义的。

人生如蝴蝶破茧而出

生命的精彩在于一次一次的蜕变。只有经历过诸多的折磨，才可以拓宽生命的道路。面对人生的岔路口，如果选择了一条康庄大道，那么很可能拥有的是一段舒适而安逸的青春，但是也同样会失去一个很好的锻炼自己的机会；如果选择了一条坎坷的小径，那么青春也许是痛苦的，但相应的，人生的真谛就在其中。

蝴蝶是在一个有着狭小洞口的茧中度过幼虫时期的。当它的生命要发生质的飞跃的时候，这些狭小的洞口对它来说无疑是一道道“鬼门关”，为了破茧而出，这些柔嫩的身体必须拼尽所有力气。很多幼虫在往外冲刺的过程中因为力竭身亡，成为飞翔的不幸祭品。

有的人心怀悲悯，想要帮助幼虫更容易通过洞口，于是人们用剪刀把茧的洞口剪大，没想到的是，那些受到帮助早日得见天日的蝴蝶却无法成为真正的精灵——因为不管怎样努力，它们都无法飞起来，只能拖动着失去了飞翔能力的翅膀笨拙地在地上爬！原来，那些看着像“鬼门关”一样的狭小洞口正是使蝴蝶幼虫能够长出双翅的关键。

人的成长过程与蝴蝶的破茧而出非常相似，在痛苦的挣扎过程中，人的意志被磨练了，力量强大了，心智也成熟了，生命从痛苦中获得了升华。有一天，当你走出痛苦时就会惊觉，原来自己早已拥有飞翔的能力。如果没有经历挫折，那么很可能和那些被帮助过的蝴蝶一样，双翅萎缩，只能在地上爬行。

如果你现在还在遭受着各种折磨，那么恭喜你，因为命运赋予了你战胜自己，自我升华的机会。从另一种角度看待这些折磨吧，感谢那些在工作与生活上折磨你的人，然后你就会获得快乐。用这种乐观的态度笑看人生，才有可能获得真正的成功。

“宝剑锋从磨砺出，梅花香自苦寒来。”一直生活在羽翼之下的小鸟是学不会捕食的本领的，一直生活在父母的庇佑之下，是没办法养活自己的。人只有经过挫折的磨炼，才能真正地长大成熟。

挫折是一笔不可多得的财富

人在生活中遭遇挫折，就像大自然会刮风下雨一样，是任谁都无法逃避的事情。有的人遇到风雨，很轻易就被击垮了；遇到挫折，很容易就被征服了；遇到困难，很容易就被吓倒了，人生也因此变得昏暗了。而有的人，在接受了风雨的洗礼，经历了挫折的磨练，战败了困难的挑战之后，人生一片光明。

挫折既是我们成功路上的挑战，也是上帝给我们的恩赐，面对挫折，最好的应对方法便是坦然面对，珍惜这些让自己历练的机会，把挫折视为人生路上前进的动力。尤其是对刚步入社会的年轻人来说，更要学会积极地面对挫折。只有认识到挫折对人生的重要意义，勇敢地、积极地面对挫折，我们才能在挫折中不断磨练自己，开掘生命的金矿，变得更加自信、诚实、勇敢，从而找到人生的方向。

古人云：“天将降大任于斯人也，必先苦其心志，劳其筋骨，饿其体肤。”我们心里充满阳光，那么我们看到的世界也是充满阳光的；心里住着魔鬼，遇到的也会是魔鬼。每个人的一生中，遇到困难和挫折，都是在所难免的事。对此，作为年轻人，决不能选择逃避或被打倒，而应用一种积极、乐观的心态来面对，并采取恰当的方法来克服挫折，最后用理智、客观的态度分析产生挫折的原因。

不经历风雨是看不见彩虹的。人生也是这样，不经历风雨的洗礼，不经历挫折的磨练，不战败困难的挑战，是品味不出幸福生活的真正含义的，人只有经过挫折的锤炼，才会珍惜得到的收获。

没有爬不上去的高山，也没有趟不过去的河流，就像人生没有过不去的坎，只要你勇敢面对，积极想办法解决，并不断在失败中获得经验，总有一天你会走出风雨和黑暗，遇见彩虹、拥抱阳光。感谢挫折，生活因此而丰富，人生的体验因此而深刻，生命也因此而更趋完美。

没有谁的人生是一帆风顺的，不管是谁都难免会有失误、会有烦恼、会遇到挫折，只有当我们经历挫折的时候，我们才能学着成长，只有在挫折中才能磨练我们的意志，面对挫折，我们要以积极乐观的态度，把挫折当成是一笔财富，勇敢地正视它。

鲜花和掌声往往是旅途的终点

生命的奖赏从来就不在起点，它在旅途的终点。我们在生活中，遇到挫折和逆境都是在所难免的。目光长远的人，往往不会在意这一时半会的得失，因为他们清楚地明白，人生就是一场马拉松比赛，开始跑得快的人，不一定能最快到达终点，只有坚持到最后的人才能获得真正的胜利。而目光短浅的人则常常为了这一时的失败、挫折而忧心忡忡、喜欢自己吓自己，这样的人，在面对命运的挑战时，又怎能有一个良好的心态去迎接呢？

只看眼前利益的人，一遇到困难和挫折就会变得忐忑不安，很容易被打败，但是想要成功，就必须坚持不懈，这是成功唯一的秘诀。试想一下，遇到困难就放弃，还怎么能成功呢？

北宋著名诗人苏轼在《晁错论》中写道："古之成大事者，不惟有超世之才，亦必有坚韧不拔之志。"说的正是人想要成大事，除了有才华和天赋，还必须有坚韧不拔的意志。

英国著名作家、文学批评家约翰生也说过："成大事不在于力量的大小，而在于能坚持多久。"

你自己首先是相信自己的，才会获得别人的信任；你自己不轻言放弃，就不会被任何事情打败。

1832年，林肯失业，这对他来说是不小的打击，不过他很快振作起来，并下定决心，要当州议员，但是很遗憾的是竞选失败了。就这样，林肯在一年时间里遭受了两次重大的打击。

1833年，林肯决定自己创办企业，但是一年都还不到，企业就倒闭了。此后，他花了17年的时间才还清债务。

1835年，林肯与未婚妻订婚，但是未婚妻在距结婚还有几个月的时候，不幸去世了。林肯的精神受到重创，卧床好几个月，甚至还患了精神衰弱症。

1838年，林肯觉得自己身体好转，决定重新竞选州议会议长，但还是没有成功。

1843年，林肯参加竞选美国国会议员，但这次依然失败了。但是他并没有放弃，1846年，他再一次决定参加竞选州议员，这次他成功了。1848年，林肯两年任期结束，他决定争取连任，但是遗憾落选。1849年自荐本州土地局长一职，遭拒。1854年竞选参议员，落选。1856年争取副总统提名，得票不到100张。1858年再度竞选参议员，再次失败。1860年一举当选美国总统，时年51岁。

看看这位美国最伟大总统的一生，充满失败和遗憾，但是他坚定的信念并没有因为屡次失败而有丝毫的动摇。他从没想过要放弃努力，反而是不断用这些失败和挫折不断激励和鞭策自己，最后迎来了辉煌的人生。

古代著名学者荀子说过：“不积跬步，无以至千里；不积小流，无以成江海。”

生命的奖赏从来就不在起点附近，而是远在人生的终点。在向这个目标靠近的时候，我们会遇到很多挫折和困难，即使是踏上第一千步的时候，依旧可能遭遇失败。但成功往往就藏在拐角后面，如果再前进一步没有看到目标，就再向前一步。很多时候，成功与失败的差别就在于你有没有多走那一步。

羡慕别人拥有的鲜花和掌声，就必须看到他们在背后付出的努力和汗水。成功是一个很漫长的过程，途中你必须忍受寂寞，认真努力，坚持付出才行。没有人刚创业就获得成功，只有付出努力，打败挫折，才能得到上天的奖赏。

人生是用来奋斗的，不是用来贪图享受的

一根黄瓜，总是有一头甜，一头微微泛苦。通常情况下，

我们会选择从顶花的那头开始吃，因为那是长头，可以先品尝到黄瓜的清甜。偶尔也会有人从瓜藤那端开始吃，因为他们想要先吃苦涩的那一头，等到最后再吃甜蜜的长头。这是不同的人对于吃黄瓜的不同选择，尽管只是一件微不足道的小事，却可以看出他们对待人生的态度。

有些人在一生之中，恨不得尝尽所有的甜蜜，而让苦难姗姗来迟。恰恰相反，有些人却希望通过自己在年轻时的努力奋斗，多多吃苦，从而等到年迈时，迎来人生的收获和甘甜。当然，人生之中所有的甜蜜和苦难不会都集中出现，有的时候命运带来的苦难和甜蜜是交叉着来的。不过有些苦难与甜蜜却不同，人们是可以自主选择的。诸如奋斗，很多人选择在年轻的时候奋斗，尽管很苦很累，但是却能够为人生奠定坚实的基础，也为未来的发展创造更多的便利条件。与此相反的是，有些年轻人却贪图享受，他们在应该奋斗的年纪选择了安逸，最终导致自己年轻时贪图安逸一事无成，年老时穷困潦倒悔不当初，却为时晚矣。对于可以选择的辛苦与甜蜜，真正明智的人会选择前者，先苦后甜，从而帮助自己赢得更加完满的人生。

现代社会，随着网络销售的兴起，有谁不知道马云的鼎鼎大名呢？作为互联网销售的传奇人物和领军人物，如今的马云与几十年前早已不可同日而语。很多人都看到了他现在的成就，却不知道马云一生之中三起三落，正是因为有着顽强不屈的毅力，始终坚持艰苦卓绝的奋斗，更从未放弃过希望，才有了今天的阿里巴巴帝国。

早在高考时期，马云就因为数学成绩太差两次落榜，直到第三次高考，才考进了杭州师范学院。毕业后，他被推荐进入杭州电子工业学院担任教授，负责教授英语和国际贸易专业的课程。在担任教师的七年间，马云积累了很多关于国际贸易的知识，也为自己建立了丰富的人脉关系网络，这对他日后的创业起到了深远影响。

在担任教师期间，不安分的马云成立了海博翻译社，但是因为缺乏经验，公司经营不善，翻译社经营惨淡，为此马云不得不依靠倒卖各种小玩意儿，维持翻译社的正常运转。1995年，马云在代表杭州市政府去美国洛杉矶处理合同纠纷期间，生平第一次认识互联网，从此便沉迷于互联网一直无法自拔。回到国内不久，马云就创办了中国黄页，后来却因为与合作单位理念不合而告终。也正是在那个时期，马云拥有了阿里巴巴的“十八罗汉”。他们对马云忠心耿耿，不管马云作何决定，他们都绝对拥护马云，为马云鞍前马后。后来，马云于1998年互联网刚刚兴起不久，在杭州创建公司。经过将近一年的筹备，西子湖畔诞生了阿里巴巴。自此之后，阿里巴巴一路蓬勃发展，虽然也曾有过小小的风浪，但是都在马云的带领之下和众人的齐心协力之下顺利渡过难关。时至今日，阿里巴巴已经成为全球最大的电子商务公司，马云也实现了自己的风云迭起的辉煌一生。

马云的人生是典型的先苦后甜，不管是高中时期的学习和高考，还是毕业之后当老师期间成立翻译社，直至后来接触互联网之后的初步发展，都充满坎坷和挫折。然而，这并不能改变马云人生的伟大志向和目标。为此，他始终坚定不移地排除万难，想着人生的目标不断前进。也许时至今日马云回头再去看自己曾经的艰难经历，反而会觉得那是人生最宝贵的财富，也激励着他在未来的道路上不忘初心。

很多年轻人都选择安逸的生活，殊不知人生是用来奋斗的，不是用来贪图享受的。尤其是在年轻的日子里，一味地享受，丝毫不思进取，只会让人们意志消沉，越来越成为温室里的花朵，禁不起任何风吹雨打。然而，没有人的人生会是一帆风顺的，失去了昂扬的斗志和激扬的青春，必然导致我们在未来吃到更多的苦头。

除了向前奔跑，再无其他的出路

你是否曾经在雨里行走？也许前一刻还艳阳高照，但是后一刻突然就狂风大作，暴雨如注。在这种情况下，你会怎么办？是退回去，还是一往无前地一路狂奔？既然没有伞，注定要在风雨的侵袭下前行，那么你就只能奔跑。这就像是反复无常的人生，也许前一刻还风和日丽，后一刻却突然遭遇灭顶之灾，幸福突然间灰飞烟灭，你就只能奔跑，尽快离开这里的阴霾。对于没有退路的人而言，除了奔跑，勇往直前，再无其他的出路。

很多人都会抱怨自己没有有权有势的父母，他们还会羡慕富二代年纪轻轻就事业有成，出入豪宅，名车代步。殊不知，富二代的父母也曾像你一样一无所有。因而，不管是为了自己，还是为了后代，我们除了努力奋进，都再无其他的选择。尤其是当你已经尝尽了生活的艰辛，受尽了世人的冷眼，如果你不想未来还过这样的生活，如果不想让孩子重蹈自己的覆辙，你必须抓住每一分每一秒的机会，勇敢地前行。

任何时候，命运都不会无缘无故地眷顾一个人。也许你只看到了他人的光鲜亮丽和成功光环，却不曾想到他人曾经万分努力，累到没有力气哭泣。也许你只看到他人的享乐和安逸，却不曾想到他们也曾衣不蔽体，食不果腹。阳光总在风雨后，哪一份成功不是踩着失败的阶梯？不管在何种情况下，只要你比别人出色，你就必然要付出加倍的努力。

也许有人会说，在这个拼爹的年代，如果我们原本就很平凡，也没有任何可以依靠的靠山，那么或许不管努力与否，结果都是相同的。正是因为这种心态的影响，很多人选择保持淡然。无论现实情况怎样，他们都相信宿命，因而不愿意努力。其实，只要我们坚持努力，坚持付出，怀着坚定不移的梦想，我们还是可以创造奇迹的。如今网络销售的传奇人物马云，当年也只是普通而又平凡的师范生，甚至高三时还复读了呢，但是他从不认为自己会平庸。因此，他非常努力地改变命运，不畏风雨。最终，现在的马云人尽皆知，他所创造的平台缔造了互联网销售的传奇。不得不说，这是巨大的成功。

从本质上说，努力奔跑是一种心态。当你在雨中行走，没有伞的庇护，努力奔跑的姿态让你始终怀着希望，永不放弃努力。而不疾不徐地走着，虽然前面也在下雨，后面也在下雨，但是却意味着宿命。任何成功的人，从来都不相信宿命。他们只相信，只要努力，就能创造奇迹。

主人带着一只驴子去赶集，回来的时候因为天晚了，驴子不小心掉进了一个很深的坑里。虽然主人想了很多办法，都不能把驴子成功地救上来。眼看着天色越来越晚，主人决定放弃：毕竟这头驴子也已经很老了，也该寿终正寝了。

次日，想到驴子独自待在洞里忍饥挨饿，主人有些于心不忍，因而带着家人一起，拿上工具，想把驴子活埋了，以减轻它的痛苦。看到主人来了，驴子很高兴，以为主人是来救它的。但是，主人带领家人一个劲儿地朝着坑里扔进石块、垃圾、树叶等，驴子意识到主人是想活埋它，不由得害怕起来。随着人们往坑里扔的东西越来越多，驴子先是惊慌失措，接着突然意识到自己可以踩着这些东西往上爬，就这样，它越来越接近洞口，最后居然一跃而出。看着死里逃生的驴子，人们都为它的智慧赞叹不已。

对于一头年迈的驴子而言，尚且不愿意放弃每一个努力的机会，并且最终为自己再次赢得了宝贵的生命，更何况是我们人类呢？很多人在坎坷的境遇中会选择放弃，而真正的强者，越是身处逆境，越是要努力奋争，不放弃哪怕是一丝一毫的希望。

没有人的人生会是一帆风顺的，任何人任何时候，都有可能遭遇沉重的打击，甚至是灭顶之灾。然而，只要我们不放弃生命，希望就会始终熊熊燃烧。平凡如你，平凡如我，必须牢牢记住：上进，是我们唯一的出路。也许有人会说，努力了，也未必有回报。我们要说，如果不努力，则没有任何的希望和回报。既然笑着也是一天，哭着也是一天，我们当然要笑着度过一天。既然闲着也是一天，忙着也是一天，我们当然要充实地度过生命的每一天。

《阿甘正传》中有句话让无数人印象深刻：人生就像巧克力，你永远无法预测自己的未来。既然如此，我们就应该摆正心态，以努力的姿态，坦然面对生命的所有馈赠。没错，就是馈赠。无论是惊喜还是惊吓，归根结底都是生命对我们的赐予。阿甘从小开始就一直在奔跑，一直到长大成人。正是因为这样的姿态，他才能摆脱命运的困厄，最终成为美国的大明星，甚至还得到了总统的亲自接见。在硝烟弥漫的战场上，阿甘正是因为快速奔跑的能力，才能顶着呼啸的子弹和弹片，从枪林弹雨中救出战友，成为人尽皆知的大英雄。可以说，阿甘的成功人生是他跑出来的。当然，我们无法复制阿甘的成功，但是我们却可以拥有阿甘努力奔跑的精神。人生就是一场奔跑，唯有永不停歇，我们才能跑出属于自己的精彩。

别做白日梦，从现在开始努力

对于遥不可及的山顶，很多人也许会说根本没什么美妙的景色。然而，现实的情况却是，你尽可以选择在山脚徘徊，山顶的景色却不因为你的姗姗来迟有任何逊色。很多人都曾幻想着一步登天，殊不知，这个世界上根本没有无缘无故掉馅饼的好事情。任何情况下，你要想有所收获，就必须非常努力。也许付出未必会有收获，但是不付出就不会有任何收获。千万不要做白日梦，从现在就开始努力吧！

很多人终其一生，都迷迷糊糊，根本不知道人生的每一步都需要清醒的付出。他们总以为命运自有安排，总以为这一切都会过去，阳光终究洒满人间。殊不知，命运是很公平的，他从不会无缘无故地眷顾任何人，更不会因为这一切而失去原则。你尽管可怜，但是命运却不会偏袒你。当你在困难面前犹豫不决、迟疑不定时，你如果不能做到勇往直前，就注定了失败。

古人云，由俭入奢易，由奢入俭难。任何情况下，我们从奢华的生活进入勤俭的生活，必然会有很大的不适应。在这种情况下，我们是放任自己随波逐流，还是努力地改变自己，让自己顺应新的生活，从而心安理得地努力奋进，脚踏实地地面对生活？当然，前者只会使你沉沦，后者才能让你脚踏实地地展开新生活，最终博得自己的满意。

记住，当你强迫自己不断地向上，向上，再向上，你就赢得了命运的转机，也就能够如愿以偿地成为命运的主宰。任何情况下，只有攀登山顶，你才能领略世界的美妙和雄伟壮阔！

第 02 章

只要跨过低潮，前方就是一片坦途

或许你正处于失恋中，或许你对目前的工作不满意，或许你刚刚痛失了亲人，这些对你来说都是人生的低潮。然而，前面已经无路可走了吗？失恋了可以换个朋友，工作也可以再换，亲人离去了但活着的人要更努力地活着。

被动的人平庸一辈子

每个人的梦想都是美好而璀璨的，但现实中，却很少能见到全力以赴去实现自己梦想的人。人生中最遗憾的，莫过于想做的事很多，但自己却没有为其做出一点努力，以至于最后一事无成。

有些人自称完美主义者，他们总要等到时机对了，所有条件都符合以后，才愿意去付出行动，但现实是，那些被动的人平庸一辈子，恰恰是因为他们一定要等到每一件事情都百分之百的有利，万无一失以后才去做。这是不明智的，这只会将他们挡在前期准备的泥沼里。

1.立即行动

希望永远都只存在于今天，只有今天才是我们真正能够把握的一天，不要把希望寄托在未来的某一天，一旦你确定了自己的目标，就要立即行动，只有行动，才会让我们不断超越对手，超越自己，立即行动！立即行动！立即行动！

2.成功是有方法的

成功是有方法的，当你能确定自身的目标和实现目标的方法时，你要做的就是学习那些成功人士的方法，将他们身上的优点和潜质移植到我们身上。

3.激发无限可能

即使你在人生最艰难的时候也不要放弃努力工作，你要鼓励自己，永远积极主动地去寻求问题的解决方法，这样才能激发自身无限的潜能，时刻享受人生的精彩。

生活是用来判断人们是否具有能力的基础，不在于人的头脑中存有多少新奇的创意，而是人们真正付出的行动。而一个人要实现自己的梦想，最重要的是要具备以下两个条件：勇气和行动。勇气，是指放弃和投入的勇气。一个人要为某个梦想而奋斗，就一定要放弃目前自己坚守的某些东西。而投入，是指一旦确定了值得自己去追求的梦想，就一定要全身心投入。心想不一定事成，事成的前提是全力以赴去做，只要你肯积极行动，你就会离成功越来越近。

世界上有多少人，就会有多少梦想，但为什么有很多人的梦想没能实现？原因仅仅是他没有付出相应的实际行动。即使有一个宏大的目标，有一个很好的发展机会，若没有付出相应的努力，就不会取得成功。

勇敢跨过去，你就赢了

任何一个人的人生都不可能是一帆风顺的，谁都难免要经历一些挫折、坎坷、失败……这些都不可怕，最可怕的是失去生活的信念和希望。人生的胜利不在于一时的得失，而在于是否能跨越诸多坎坷，成为最后的胜者。

生活中，我们会遇到很多让我们始料不及的事情，这些可能是好事，但大多数都是让我们措手不及，不敢接的烫手山芋。但是要记住再烫手的山芋也有冷掉的时候，再大的坎儿，只要我们坚定一点，也就过去了。很多事情不是我们不能做、做不了，而是我们不愿做、不要做。

小丽和小新还有小杨都是一个大院长大的，三个人都很喜欢唱歌，并立志以后要成为伟大的歌唱家。他们6岁那年，省城的一个很著名的歌唱家到他们学校选跳舞的好苗子，他们三个人因为身体条件好，顺利被选上，去了省城的艺术学校接受系统的学习。

到艺术学校的新鲜劲刚过，他们就和其他被选拔的孩子开始了正式的训练，每天晨功、发声练习……根本停不下来，很快三个小孩就发现，想唱好一首歌并没有自己想象中那么容易，光是练好基本功就得花上好几年，但毕竟都还是孩子，即使是累，哭哭笑笑很快也就过去了。就这样，好几年过去，三个人已经15岁，除了日渐繁重的音乐练习，还有越来越重的课业压着他们，再加上现在三人处于变声期，任何辣的、腥的，只要是会刺激嗓子的东西都不能吃，这对正在发育期的孩子来说，简直太难了。小丽就是在这个时候，开始怀疑这条路会不会有结果，一旦对自己的选择有了怀疑，练习的时候也就没有以前认真了，终于有一天，小丽实在受不了巨大的压力，赌气一般，不去练习，逃出学校，示威一般吃了以前一直不敢吃的很辣的路边摊。有了第一次，就有第二次，小丽越是走到学校外边，越是受蛊惑了一般觉得学习音乐是很没有前途的事。

小新和小杨当然会有同样的困惑，但是他们想到自己坚持了这么些年，到最后一刻放弃了，实在不值得，于是互相鼓励，要一起度过这段很难熬的瓶颈期。年底的时候，老师觉得时机已经成熟，想让他们进录音室录歌先在网上发表，看看大家的反应。小新和小杨的录制很顺利，小新的低沉嗓音和小杨的薄荷音一发到网上立刻受到了许多网友的追捧，两人付出这么多年，终于开始收获。但是小丽就不那么顺利了，因为不忌吃，她的嗓子受到了严重的影响，虽然正常说话没什么问题，但是要做唱歌这么费嗓子的事情已经非常吃力了，最后在离梦想仅有一步之遥的时候被关在了门外。

谁的人生不会遇到坎坷呢？谁又不会遇上诱惑呢？关键是我们怎样对待这些坎坷与诱惑，要是咬咬牙，坚持自己，那么再大的坎也能挺过去，反之如果消极怠惰，被它们牵着鼻子走，那就注定被它们挡住前进的步伐，就像故事中的小丽一样，令人惋惜。

年轻的朋友们，请记住，我们有最好的身体、最好的激情，所以千万不要被所谓的困难和挫折打倒。人生没有过不去的坎，只有过不去的人。坚定信心，迈过这道坎，你会看到这个世界有多美丽、多开阔。

很多时候，其实都是我们自己把事情想的太可怕、太复杂了，等你真的摆正心态，坚定信心，把这道坎迈过去的时候，你会发现这并没有什么了不起。人生没有过不去的坎，只有跨不过去的心理障碍，只要你能咬咬牙，突破心里的难关，一切就都豁然开朗了。

先学会输得起，才会成为大赢家

人生有时就像是一个赌局，没有人总会是赢家，也没有人总会是输家。这就像我们的生活中有风平浪静的时候，也有狂风暴雨的时候是一样的，但是有的人却无法积极地面对狂风暴雨，浪头刚打过来，还没反击就已经想着退缩了。这种人一旦经历失败，还没来得及反省，就已经崩溃了。没有谁的人生是没有挫折与困难的，我们只有经历了挫折与困难，才会变得越来越坚强，才能离成功越来越近。

失意是成长的过程中必不可少的音符，有了它成长的乐章才会抑扬顿挫，才会更华美。但是大多数人只看得到成功的一面，却看不到成功的前面横着的一条河。这种人看起来很乐观，但常常盲目行动。有的人只看到失败，却不知道成功离自己可能一步之遥，输不起的人是不会赢得最终的胜利的。

牛丽丽是一家销售公司的销售一组的组长，她的手下有十个销售员。牛丽丽十分好强，十足的女强人个性，所以对她底下的员工都十分严厉，不过正因为如此，他们组的业绩比其他组的业绩好很多，每次业绩评估都是第一，牛丽丽十分满足。

7月份的时候，经理看上半年的任务已经超额完成，便决定带着三个销售小组的员工去郊区旅游三天，放松一下大家紧绷的神经。到了目的地之后，经理为了活跃大家的气氛，决定就地办一个比赛。这个建议一说，得到了大家的一致响应，牛丽丽想赢的欲望也被勾起来了。经过商量，一共分了三个比赛，游泳、口才和唱歌。比赛结束，游泳比赛和唱歌比赛的第一名都在A组，第二名都在B组，而牛丽丽的小组则囊括了口才比赛的第一名和第二名。最后经理综合比赛结果，第一名是A组，第二名是牛丽丽组，第三名是B组。

但是不甘落入第二名的牛丽丽却很不满，她觉得大家既然是销售，那么口才才是最重要的，唱歌和游泳只是业余的，所以比赛结果应以口才的结果为准，第一名应该是自己组的。尽管经理一再跟她强调这只是为了调节气氛，比赛的礼品也不差多少，让她不要再计较，但她仍旧过不了心里这关，不愿意输给自己的手下败将。最后，好好的旅行被她这么一搅和直接不欢而散了。

两天后，大家去公司上班，牛丽丽依旧愤愤不平，遇到同事就为自己打抱不平，虽然大家没说什么，但是也渐渐觉得她过火了，开始躲着她。最后就连她自己的组员也觉得她这样实在是难以理解，不愿意再听她的话了。月底，再次做业绩评估时，牛丽丽组依然是第一名，但是经理并没有像之前那样恭喜她，只是告诉她，她已经不是组长了。

赢是每个人都在追求和渴望的，但是输赢乃人生常态，如果事事都想赢，未免就太过苛责了。就像故事中的牛丽丽一样，本来只是一场助兴的比赛，却因为她的输不起而变了味，最终不只失去了大家的信任，连组长的职位也丢了，真是得不偿失。

要想做人生的赢家，我们首先要学会的就是输的起，能用正确的心态面对生活中的挫折和失败。只有事事都往好处想，我们才会把挫折当作考验，才能迎难而上，增添生活的力量和勇气，然后战胜困难和挫折，赢得人生和事业的成功。

在我们每个人的一生中，随时都会碰上湍流和险境，如果我们低下头来，看到的只会是险恶与绝望；而我们若能抬头，看到的则是一片辽远的天空，输并不可怕，只要我们不输掉信心，不输掉对未来的信心，可以乐观面对失意，总有一天我们能靠自己的努力漂亮地赢回来。

心胸开阔，脚下的路才宽阔

生活中，不管是谁，都无法避免困难和挫折的存在。但是为什么有的人能跨过这道坎，而有的人却因为挫折从此被挡在了成功这扇大门之外呢？其实任何成功者都不是天生的，很多时候，我们去做一件事，决定我们成败的并不是知识和能力，而是胸襟、视野和境界。知识不够可以去学，能力不够可以培养，但是如果没有一个好的心态，心像针眼一样小，做起事来，常常挑三拣四、拈轻怕重、斤斤计较、患得患失，那么即使终日忙忙碌碌，最终也只是碌碌无为。

古罗马哲学家西尼加曾说过："差不多任何一种处境，无论是好是坏，都受到我们对待处境的态度的影响。"的确，影响我们人生的绝不仅仅只有环境，心态也对我们的行动和思想起着绝对的控制作用。因为即使面对的是同样的处境，不同的心态也会导致完全不同的结果。

有三个盖房子的工人，他们现在正各自盖着一间房子。

第一个工人做了一半便开始不耐烦了，他想："这又不是给我自己盖的房子，费那么多劲有什么用呢？"于是他不再注重质量，会看速度，草草完工，房子还没开始住人就已经摇摇欲坠了。

第二个工人做到一半的时候也开始没有耐心了，但是他想："别人都给我工钱了，把房子盖好就是我的责任。"于是他继续努力，认真踏实地做完了后面所有的工程，房子很结实。

第三个工人做房子的时候却很快乐，他每天都在想着怎么让现在这座房子变得更完美一点。想象着房主一家人住在这以后幸福美满的样子，所以做这栋房子的时候，这位工人很满足。房子做好后，房主十分满意。

转眼三年过去，第一个工人失业了，没有人再敢聘请他；第二个工人继续做着老本行，没有什么变化；而第三个工人却成了业界有名的建筑师，他建造的每一栋房子都美轮美奂，受到了许多客户的喜爱。

人的一生，就像一次旅行，沿途中有数不尽的艰难险阻、陡崖绝壁、坎坷泥泞，但也有看不完的水光山色、春花秋月、名胜古迹。如果我们的心被灰暗笼罩着，就像第一位工人一样，已经对生活失去了热爱，丧失了斗志，那么我们的人生也注定只能是灰色的，岂能美好？而如果我们保持一种乐观向上积极的人生态度，像第三位工人那样，即使开始的时候很艰难，但是改变一下心态，一样会有不一样的美好收获。

其实生活中大多数人都是像第二个工人这样的，工作只是谋生的手段，每天勤勤恳恳，安守本分，虽然对工作谈不上热爱，但是也绝对不会去改变什么。这种心态看上去好像没什么，甚至还算安稳，但其实更可怕，就像温水煮青蛙一样，时间长了，人会渐渐地丧失斗志，即使想再改变也很难了。

心态对一个人的命运起着决定性作用，你的心态是什么样的，你所看到的就是什么样的。千万不要把自己的眼界局限在你的手掌上、眼皮下，而是要放眼于高山之巅、大海之上。人只有眼界开阔了，心胸才会更宽广，心态也会跟着乐观起来。人只有用乐观积极的态度面对生活，眼光才能长远，那么脚下的路也就会更开阔。

海明威的小说《老人与海》里主人公圣地亚哥老人说过这样一句话：“人可以被打败，但不能被战胜。”失败与悲伤是我们每个人都必经的过程，只有拥有好心态，积极乐观地面对这些失败，从中总结经验、吸取教训，我们才能走得更远。

心中有梦，随时可以启程

人生随时都可以开始，即使生命只剩下一天。人只要还会思考，心中还有梦想，就可以重新展开自己的人生。但是为何，有的时候我们心里知道自己是错误的，还愿意继续犯错，或者已经知道自己深陷痛苦之中，却还是无法摆脱呢？是不敢，还是不舍？如果明知这条路不适合自己，坚持下去也不会得到想要的结果，为什么不该断则断？再走下去的结果也只是枉然，何不立即舍弃重新开始呢？

日本作家中岛薰曾经说过："认为自己做不到，这只是一种错觉。我们在做一件事之前，往往考虑能否做到，接着就开始怀疑自己，这种想法是十分错误的。"人生随时都能够重新开始，这和年龄没有关系，更和性别没有关系，只要我们有信心，有决心，即使年迈也可以实现自己的梦想，可以重新开始。没有年龄限制，更没有性别区分，只要我们有决心和信心，梦想，即使到了70岁也能实现。

人生在不断地得到，也在无可避免地失去，人们习惯小心翼翼地维护着自己得到的那份，害怕哪天因为一个冲动的念头，失去了已经拥有的，变得一无所有；害怕一切归零。殊不知，我们常常会因为手抱着月亮，而错过了整片星空。梦想并不需要小心轻放，而是需要付出，努力，不顾一切地去追寻。只要有梦想，人生随时可以开始。

人生就是一场不断重新开始的过程，只要一个人还可以思考，心中还有梦想，那么人生随时都可以重新开始。

第03章

低潮中懂得忍耐，破茧成蝶终是你

人生是一味大杂烩，酸甜苦辣无一不有。有时候我们总会尝到苦涩的味道，痛苦的身心好像再也经不起折腾，内心的绝望就那样蔓延开来，这时难道就放弃吗？只要忍一忍就过去了，走过去你就是成功的自己。

坚持下去，让世界看到你的与众不同

苍鹰感激蓝天，是它的风雨使鹰有了坚毅的翅膀；贝壳感激沙砾，是它的痛楚使蚌有了无瑕的珍珠；我们应该感激生命，是它的磨砺使人们懂得坚持。孟子曾言“天将降大任于斯人，必先苦其心志……”用困苦磨炼意志，练就坚持，增长能力，最终“增益其所不能”。在攀登成功峰顶的荆棘路上，坚持是垫脚石，坚持是动力，坚持是信念，是的，只要坚持下去，世界终将看到你的与众不同。

人生的道路总是充满艰难、荆棘和坎坷，有的人一遇上困境就唉声叹气，停滞不前；有的人则试图绕开另找一条通向成功的捷径，不过很可惜，每条路上都布满了荆棘；只有第三种人，坚持不懈克服困难的人才能成功。坚持是什么？坚持是迈向胜利的脚步，坚持更是失败后仍不放弃的努力，这是一种磨炼，是成功不可缺少的精神，因此，只要坚持下去，世界终将看到你的存在。

坚持一下，成功就在前方，让压力成为你不断前进的动力，让挫折成为你不断奋起的跳板，持之以恒地挑战困境，只要坚持下去，总有一天你会成功。

执着和坚持，往往可以诞生奇迹

坚持是一件很难的事情，外在金钱、名利的诱惑，自身懒惰的情绪驱使，生活中的巨大压力，逢此种种，很多人都会选择放弃。诚然，坚持从来就不是一件容易的事，但它却是能够点亮我们人生旅程的明灯。

人们的失败，有时和能力无关，而是缺少一种战胜困难的决心，坚持是很多人的短板，那些遇到一点困难就停步不前的人，只是为自己的放弃找了一个最拙劣的借口，而那些取得人生成功的人，并非都具有过人的天赋，他们更多的是选择了一条坚持走下去的路。面对挫折，有的人一边抱怨一边放慢脚步，有的人一笑了之，直接改变路线，但也有一些人，虽然周围都是放弃的声音，却凭着自己的执着和坚持，凿出了一丝丝的光亮，照亮了自己人生的路途。

好多人抱怨，自己坚持了，自己努力了，为什么还不成功？那是因为坚持还没有累积到足以成功的高度。有了坚持不一定成功；但没有坚持，就注定失败，坚持下去，你将看到光明的未来。

只有学会忍，人才能真的成熟

忍是一种眼光，是一种胸怀，是一种智慧。古语云：“忍一时风平浪静，退一步海阔天空。”“忍”在某种意义上其实是中国传统文化的精华，而且忍在我们生活中也是必不可少的。

俗话说：“小不忍则乱大谋。”但实际上，大多数人之所以不开心、不成功，都是因为在小事上不能忍，随意发脾气，自己跟自己过不去。可在社会中生活，不如意之事十有八九，任何人都是不可能完全由着自己的性子生活的。如果学不会忍，不只是会让周围的人不开心，自己最后也会吃苦头。

佛说：“凡事都需要一个‘忍’字，忍他人之不能忍，方能成为人上人。”试想一下，如果李渊知道隋炀帝对自己的猜忌后，沉不住气，在还没有准备好的情况下起事，还能顺利地建立大唐帝国吗？

人的一生是奋斗的一生，在奋斗的过程中，肯定是有胜有负，有得有失，如果不具备忍耐的胸怀，在失败的时候不能学会释放自己的情绪，强行逞一时之快，那么注定是一事无成的。

忍有时是环境和机遇对人性社会的要求，有时则是心灵深处的一种自律。学会忍，是人生必学的谋生课程，只有学会忍，人才能真的成熟。

别人能忍的，我要忍；别人不能忍的，我更要忍。但忍并不是压抑自己，而是淡化情绪，让负面的东西慢慢消失，如果只是一味地压抑，这并不是忍，因为一旦有一天再也忍不住了，只会发生更严重的后果。

忍住寂寞，积蓄能量成大器

台湾著名作家刘墉曾说："每一个年轻人都要过一段'潜水艇'式的生活，先短暂隐形，找寻目标，忍住寂寞，积蓄能量，日后方能毫无所惧，成功地浮出水面。"

成功的人，都是能耐住寂寞的人。一个胸无大志的人是无法忍受寂寞的，他们会被花花世界的诱惑所干扰，最后在朝三暮四的动摇与徘徊中白白浪费自己的时间，一事无成。如果你是一个有远大抱负和理想的人，能够在浮躁的环境里静下心来，认认真真地做好每一件事，注意每一个细节，那么时光一定不会辜负你，会带给你意想不到的收获。

正确对待寂寞，耐得住寂寞，其实很简单，看你的动机和目的是什么，就像一粒普通的沙砾，成为珍珠是它的目的，为了实现这个目标所以它可以忍受寂寞和黑暗，等待成为珍珠的那一天。人也是一样，所有的人都希望自己出人头地，所有的人都希望自己能成为自己领域的佼佼者，赢得大家的鲜花与掌声。但实际上，鲜花和掌声背后的那些寂寞与隐忍却是不与人知的。很多时候我们还没有了解寂寞的真谛，就已经抛弃它，同时把成功也抛弃了！

人生在世，成功之前，总有一段寂寞的路要走，耐得住寂寞，经得起诱惑是每一个想要成功的人必须经历的心理路程。安静的准备和积极的等候都是寂寞的。耐得住寂寞，是一个人思想灵魂的修养体现，是一种难能可贵的风范。

寂寞是人生中难以摆脱的事情，它如同生活中的喜怒哀乐一样，时刻伴随着我们。我们只有耐得住寂寞，修炼执着的心态，才能冷静地思考人生的方向，才能积蓄能量，不断地变强变大，才能获得更多的成功机会。

若想甘于寂寞，确非轻易之举，如果以甘于寂寞作为来日的晋升之资，期以十年寒窗，换取来日的衣锦荣贵，那是流俗的，那不叫作甘于寂寞，而是做的投资生意。真正的甘于寂寞并不是隐居山林，而是通过寂寞之路，透出于寂寞的氛围之外，在寂寞之中，认识自己，认识他人，认识世间，认识世间的一切。

一直向前，不因阻碍而停止前行

有人曾说：只有两种动物能够到达金字塔的顶端，一种是苍鹰，另一种是蜗牛。苍鹰之所以能够飞上去是因为它们拥有傲人的翅膀；而慢吞吞的蜗牛能够爬上去就是认准了自己的方向，一直在为这个方向专注和坚持，不为道路上的小风景停留下来，它们要的就是最高的位置，看到最好的风景！

蜗牛，是所有动物中走得最慢的，也是最常见的，几乎在墙角、草丛、乱石中都能看到它们的身影，但它们同时却也是最值得人们学习的一种动物。因为蜗牛自知自己走的很慢，却能够勇往直前，而不放弃。无论前面路有多坎坷，依旧前行，永不气馁，永不放弃，这就是“蜗牛精神”。

很早以前，碧蓝的天空下有那么一片寂静的森林，林中住着一只蜗牛、两只黄鹂鸟和智象，他们一起享受着树林繁叶的绿荫和林中飘溢出的阵阵花香。黄鹂鸟唱着歌儿在树梢上快乐地时起时落，蜗牛则在地上寻找温暖的阳光，地上留下蜗牛行行白色的脚印，智象在自家门前的葡萄树下快乐地吃着西瓜。

蜗牛虽然长有一对薄薄的蝉翼般的翅膀，但却无法承载起沉重的外壳飞向树梢。一天，蜗牛突发奇想，要爬上树梢，去品味葡萄的美味。蜗牛背着重重的壳，沿着刚发芽的葡萄树一步一步往上爬，而黄鹂鸟却在一旁讥笑它，智象心中也充满了疑问。黄鹂鸟：“哈哈，葡萄成熟早得很呐，现在上来干什么？”蜗牛：“阿黄，你不要笑，等我爬上它就成熟了。”蜗牛努力朝着树梢爬去，爬起、跌落、再爬起、再跌落……经过无数次的爬起跌落和智象无数次地呐喊和鼓励，蜗牛终于爬上树枝，尝到了美味的葡萄，并且摘了一串回报给智象。此时黄鹂鸟在身后为他歌唱……

不为小风景而忘记自己的梦想，不因挫折而停下前行的脚步，一切都是为了金字塔顶端那最美丽的风景。这是对理想的专注和坚持。

“蜗牛精神”不仅仅启示我们坚持、永不放弃，更重要的是心中的“信念”，只有坚信内心中的那一个最为坚定的信念，自己便会战胜一切，成为成功者。

收回的拳头打出去更有力

古人云：“忍人之所不能忍，才能为人所不能为。”忍耐是一种力量，很多时候能够创造奇迹。当我们收回拳头的时候，从来都不是因为放弃，而是一种蓄力，只有收回的拳头打出去才能更加有力。

唐朝诗人张公的《百忍歌》可以推荐给大家诵读。

百忍歌，歌百忍，忍是大人之气量，忍是君子之根本。

能忍夏不热，能忍冬不冷。

能忍贫亦乐，能忍寿亦长。

贵不忍则倾，富不忍则损。

不忍小事变大事，不忍善事终成恨。

父子不忍失慈孝，兄弟不忍失爱敬。

朋友不忍失义气，夫妇不忍多争竞。

刘伶败了名，只为酒不忍。

陈君灭了国，只为色不忍。

石崇破了家，只为财不忍。

如今犯罪人，都是不知忍。

古来创业人，谁个不是忍。

忍耐也是一种智慧，小不忍则乱大谋，不懂得忍耐何谈成就更好的自己？其实，从某种意义上说，忍耐也是为了等待，等待自己更好层次的到来；忍耐也是为了积蓄自己的力量，为了变成更优秀的自己而磨练心性。只有学会了忍耐，才能为人所不能为，因为成功需要蓄力。

《猫王》中有一段话很有意义：“一只不懂忍耐的猫，是不配作战的。你手里有千军万马，可是，战争给你的机会也许只有一次，你必须先学会等待，让自己静下来，因为只有这个时候，你的头脑最清醒，能够对事态作出正确的判断。一旦机会来到，你才能稳稳抓住，作出致命一击。”是的，凡事能够有所作为的人，大都有着能屈能伸的个性和坚韧不拔的品质。我们不可能永远处于被动，总有翻身的那一天，学会忍耐，所以积蓄自己的力量，总有机会让你证明自己的能力。

第04章

低潮中安静等待，总有一天波澜再起

生活中，我们常有这样的感悟，不坐车时满大街都是空车，真正坐车时总是等很久。人生很长一段时间都是等待，这需要我们付出耐心，只有耐心等待，养精蓄锐，才能迎接未来更多的挑战。

等待是一个厚积薄发的过程

人的一生，有很多时候都需要等待，等待长大，等待父母对自己的认同，等待成功，等待……但是所谓等待并不是说守株待兔、无所事事，而是审时度势，在等待中积蓄能量。

我们都知道拔苗助长的故事。故事里的农民很想地里的秧苗快快长大，于是每天都去地里看一遍，但是好几天过去了，秧苗依旧没有长高。农民十分发愁，不过他很快想到了一个“好办法”，那就是每天把它们拔高一点点，这样看起来就更高了，但是好景不长，那些秧苗经不起折腾，很快就枯黄死掉了。

任何事物都有其自身发展的规律，唯有耐心等待，才能看到花开、看到结果。我们做好一件事情也是一样，太过浮躁或急于求成，都是不行的，必须有耐心。

“冰冻三尺，非一日之寒；水滴石穿，非一日之功。”一只蚕从蛹蜕变成蝴蝶需要35天，橘子从开花到结果需要180天左右，一棵树从幼苗长成参天大树需要好几十年。这些看似漫长的等待过程，其实也是不断积蓄能量的过程。成功不是一蹴而就的，要想成功，我们就必须付出足够的耐心等待。但等待不是坐以待毙，更不是怨天尤人，它是前进路上的一次沉淀。

等待对每一个渴望成功的人都有着十分重要的意义。人生舞台上，我们会遇到各种机遇和挑战，这时候，我们除了需要勇气和积极的态度，更需要学会等待、临危不乱。等待的过程虽漫长，却是我们韬光养晦、把握机会的好时机。

人生需要等待，但是这里的等待并不是我们平常所说的那种单纯地停在一个地方，然后静静地等，而是说我们应该遵循事物的发展规律，不必急于求成。等待的过程其实也是一个养精蓄锐、厚积薄发的过程。

一时的等不及，会再也等不到

等待，实在是件很折磨人的事情，特别是在人很着急地想要达到目的时，哪怕是多等一分钟，内心的焦虑都会多增加好几倍。但事实上，很多事情都是需要等待也必须等待的，小到排队买票，大到升职加薪、成就事业。

大家可能都遇到过这种事情，左右两个窗口都在排队售票，站在左边的时候觉得右边快，于是换到右边，刚换到右边又发现左边的比刚刚快了……就这样循环往复，最后不仅浪费了时间，人也没有了耐心。其实回过头来想想，除非卖票的窗口出现故障，不然是不可能不排到自己这的，而所谓的旁边比这边快，很多时候不过是看起来快罢了。但很多时候，人偏偏就是这样，常常因为这些看似不必要的等不及，而浪费更多的时间，排队买票只是小事，不会因为你着急就买不到了。但是其他事情就不是这样了，比如工作、做生意，很可能会因为你一时的等不及，而永远地等不到。

在很久以前，有个村庄里面生活着两个小伙子，一个叫钱智河，一个叫小汤圆，因为没有手艺，两个人的日子过的十分艰难。俩人都一心想着有一天能挣大钱，过舒坦些的日子。一日，他们在路上相遇了，两人不禁开始大倒苦水，说自己最近怎么怎么艰难。小汤圆说："我们不能再这样下去了，要想过上好日子，我们就必须学会一门手艺，只要有手艺，就没什么好怕的了！"

"我也是这么想的，我看最近越来越多的人开始喜欢上喝酒，不如我们去学酿酒吧！”钱智河提议。

最后两人一拍即合，决定立刻动身去找以前村里的老人提过的一位酿酒大师学艺。两人跋涉了一个多月，终于找到了酿酒大师。大师看他们很有诚意，便把酿酒的秘方传给了他们。两人回到家，准备好所有的材料，便开始等待大师说的七七四十九天的到来。日子一天一天过去，终于只剩一天就到四十九天，到了晚上，想着自己期待已久的美酒终于要酿好了，两人激动得一夜都没睡，耳畔一直回响着大师的话：“到第四十九天清晨，第三声鸡鸣响后，酒就酿好了。”终于，第四十九天的第一声鸡鸣响了，钱智河迫不及待地打开了酒瓶的盖子，可他看到的只有一汪浊水，他后悔不已，但是来不及了，他不得不为他的等不及付出代价。而另一边，小汤圆家里，虽然小汤圆也十分好奇，但还是忍住了，直到第三声鸡鸣过后，才缓缓打开盖子，果然不出所料，酒香扑鼻。小汤圆掌握了酿酒的方法，凭借着自己的悟性和努力，在村里开了一家酿酒厂，后来生意越做越好，生活得有滋有味。

等待，本就是行走中的一个环节，有时候甚至比行走本身还重要。一个人，能够默默忍受等待所带来的苦闷，把焦虑转化为历练，这不仅仅是手段，也是大智慧。如果你等不及，你就永远等不到，就像故事里的钱智河一样，功亏一篑。

无法坚持，自然与成功擦肩而过

世上的许多的事情，往往最难迈的一道坎都是最后的那一程，跨过去就是美好的明天，但成功的往往只是少部分的人，为什么呢？一个很重要的原因就是缺乏坚持。因为奋斗了那么久，艰苦跋涉了那么久，走到这一步，我们大多已经筋疲力尽、心力交瘁了，大多数人没坚持到迈完这一道坎就放弃了，没有坚持走下去，也就与成功擦肩而过了。

道路曲折坎坷并不是我们通往成功最大的阻碍，一个人的心态才是能否成功的关键。只要心里的理想之火不曾熄灭，只要自己不轻言放弃，坚持下去，前途就是一片光明。

一对从农村来的姐妹，因为没有文凭和经验，找工作的时候屡屡碰壁，最后好不容易有一家礼品公司接纳了她们。但是还没来得及高兴，两姐妹又开始绝望了，原来经理给她们安排的是最“难啃”的业务员的工作。

姐妹俩每天走街串巷，给各种人赔着笑脸，鞋也走破了，嘴也说起皮了，可就是没有一个愿意订礼品的客户。两个月过去了，姐妹俩愣是连一个钥匙扣也没推销出去。

终于有一天妹妹受不了了，她觉得经理安排这样的工作给她们，根本就是看她们俩好欺负，便跟姐姐商量要一起辞职，重新开始。姐姐劝她说："万事开头难，还没到绝望的时候，再坚持一下，我看我们拜访了三遍的那家公司还是很有希望的。"

"姐，你自己都说了，已经三次了，要是他们有心要订早就订了，这次不管你说什么，我是一定要走的。"妹妹说完立刻交了辞职信，开始在网上找起新工作了。

一周过去了，早上两姐妹一起出门，姐姐继续去拜访那家公司，妹妹则去新公司面试。那天晚上两姐妹回到家却是两种心境，姐姐再次拜访那家公司时，公司的经理被她的诚意打动，向她预订了三百套精美的瓷器礼品作为他们下个月要举办的大型会议的来宾的礼物。这是笔不小的订单，姐姐拿到了2万元的回扣，有了人生第一桶金。妹妹却没这么幸运了，因为没有什么实质性的工作经验，面试失败了。

从这之后，姐姐的工作越来越顺利，各种大订单源源不断，人脉也建了不少，不到五年的时间，她已经有了自己的小礼品公司了。而妹妹的工作却是走马灯似的换，有时还得靠姐姐救济。

妹妹向姐姐请教成功的真谛，姐姐说：“其实没什么，我们一开始站在同一起跑线上，唯一的秘诀就是我比你多努力了一次。”

只是差了一次努力，却让本在天赋能力相当的两姐妹走上了迥然不同的两条道路。记得以前有位记者采访邓亚萍时，她曾说过这样一句话：“在球场上，快要支撑不住时，咬咬牙，在内心跟自己说一句‘再坚持一下！’。”

其实很多时候，我们都和故事中的妹妹很像，当我们经过一段时间的努力，却没有达到期望中的目标，便会心浮气躁，觉得这根本是难以办到的事情，然后便轻易放弃了。却不知道，成功其实就差这最后一次努力了，只要再坚持一下就好。

很多时候，我们败给的并不是事情本身，也不是我们的对手，而是败给了我们的脆弱。其实只要再坚持一下，再试一次，说不定就成功了。所以即使是身处困境，也要心中充满希望，只要自己不绝望、不先放弃，那么成功离你就不远了。

人最大的敌人不是别人正是自己，脆弱的自己，总想放弃的自己。只有打败自己的这些恶习，遇到困难，不轻易放弃，再坚持一会儿，我们才能向成功不断迈进。

经住打击和寂寞，岁月会给你想要的

成功就像登山一样，弯弯绕绕，想一条直线走到头是不可能的，只有不怕困难、不惧挫折，才能最终登上山顶！人生在世，遇到困难和挫折都是难免的事，但是如果一遇到失败和挫折，人就恼羞成怒、暴跳如雷，那还谈何成功呢？俗话说得好："黯然神伤时，则所遇尽是祸；心情开朗时，则遍地都是宝。"所以越是遇到挫折，越是应该打起精神来面对。

虽然成功不可能是一蹴而就，路上会有很多艰险，但是只要我们时刻让自己保持一个积极进取的心态，不心浮气躁，经得住打击和寂寞，总有一天岁月会许给我们想要的。

在美国，有一位穷得连饭也吃不起的年轻人，可即便是这样穷困潦倒的时候，他仍然没有放弃自己的梦想，全心全意地为自己的梦想做着准备。他知道，他想做演员，拍电影，当明星。

年轻人很早之前就已经打探清楚了，当时，好莱坞的电影公司一共有500家。

下定决心后，年轻人带着为自己量身订做的剧本，根据自己之前定好的路线和确立的拜访顺序，一一前去拜访了这500家电影公司。但是第一遍下来，没有一家公司愿意聘用这个在他们看来实在是异想天开的年轻人。

不过面对各家电影公司的回绝，这位年轻人并没有就此放弃，在被最后一家电影公司拒绝，从公司出来之后，他又从第一家重新开始，继续他的第二轮拜访与自我推荐。这一轮拜访和第一轮拜访一样，依旧被全盘否定了。他仍没有放弃，接着开始了第三轮的拜访，和前两次一样，他还是被拒绝了。

第三次从最后一家电影公司出来，吹着外面的寒风，年轻人知道就在此一举了，于是咬了咬牙，开始了第四轮的游说和拜访。老天终是没有辜负他，当他拜访到第350家电影公司的时候，这家老板破天荒地同意让年轻人把剧本留下来，他愿意看一下。

几天后，年轻人收到电影公司的通知，邀他前去电影公司商谈细节。就在这次商谈中，这家公司终于决定投资开拍这部电影，并且宣布剧本中的男主角由写剧本的这位年轻人担任。就这样，这部名叫《洛奇》的电影诞生了。

这位年轻人就是美国著名导演和演员史泰龙。即使是在多年后的现在，翻开电影史，这个日后红遍全世界的巨星和这部叫《洛奇》的电影依然榜上有名。史泰龙先后碰壁共计1849

次，但他从没想过打退堂鼓，反而是坚持不懈、勇往直前，终于在第1850次获得成功。他的故事就是“失败乃成功之母”这句哲理的最好证明。

大部分人的人生都不是一帆风顺的，都难免会遭受挫折和不幸。但是成功者和失败者有一个非常重要的区别，就是失败者会把挫折当成是人生的绊脚石，所以每次挫折都会使失败者的勇气一点点减弱，导致最终被击垮；而成功者则是从不轻易言败，他们只会把挫折当成成功的垫脚石，然后越挫越勇，直到成功。总之，关键时刻能经受住打击，不让自己灰心丧气，失去斗志，才是最重要的。只有这样我们才会有坚持下去的勇气，才能得到上天对自己的奖赏。

年轻时把脑袋装满了，等老了才能把口袋装满。对任何事都不要急于求成，慢慢来，一步一步做到最好，属于你的，迟早会到来。

每天进步一点，就是辉煌的开始

哈佛大学有这样一句名言：“寄希望于积少成多，而不是鸿运当头。”毕业于哈佛大学的布隆伯格认为：“要成功，你必须把获得的一点点小进步串到一起，而不是寄希望于中一次头彩。你要努力工作，因为这会增加机会。我或者我的公司取得的重大进步都是渐进式的而不是革命式的，积少成多而不是鸿运当头。”其实，一个人的成功不是像鸿运当头那样简单快速，而是需要每天的不断积累，正所谓“不积跬步无以至千里”，只有每天进步一点点，才能进步一大截。

有个男孩在上小学的时候有一件事一直弄不明白，他想着自己的同桌为何很出众，自己却总是赶不上他。第一对于同桌来说是很简单的，但是为何他想争第一的时候，却在班里处于二十几名？

回家后他问妈妈：“妈妈，我是不是比别人笨？我觉得我和他一样听老师的话，一样认真地做作业，可是，为什么我总比他落后？”

看到儿子伤心的样子，妈妈的心里也是非常难受的，她知道学校的排名已经对儿子的内心造成了一定的打击，可以说是伤害了一个孩子的自尊。但是当妈妈望着儿子无辜的眼神时，妈妈已经不知道说什么好了，因为她自己也不知如何答复。

又一次考试后，孩子考了第十七名，而他的同桌还是第一名。回家后，儿子又问了同样的问题。她真想说，人的智力确实有区别，考第一的人，脑子就是比一般人的灵。可是，这样的回答无疑会对孩子的积极性造成一定的伤害，对孩子是不公平的。所以她还是没有说什么。

有时候，男孩的妈妈总是在思考，到底要怎么回答自己的孩子，怎样答复才能不伤害孩子的内心且给他向上的动力。有时候，她真的想应付儿子，或者说因为你不够刻苦，或者说因为你不够聪明，或者说你没有学会利用时间……可是这样说自己真的是感觉于心不忍，因为这位妈妈深深地感觉到自己的孩子真的是很尽力，像她儿子这样脑袋不够聪明，在班上成绩不甚突出的孩子，平时活得还不够辛苦吗？所以她没有那么做，她想为儿子的问题找到一个完美答案。

转眼间男孩已经小学毕业，步入初中的男孩越发刻苦努力，可是他发现自己仍然考不到第一名，还是没有超过他的那位一直考第一的同学。可是有一个细节值得骄傲，那就是相比于自己以往的成绩，他一直处于进步的状态。为了对儿子的进步表示赞赏，她带他去看了一次大海。就是在这次旅行中，母亲回答了儿子的问题。

妈妈和儿子手牵着手走在沙滩上，一起感受着海风，听着彼此的心里话，随后妈妈招呼儿子坐下，她指着远方对男孩说：“孩子，看到了吧，远处是一些争抢吃食的小鸟，当海浪打来的时候，小灰雀总能迅速地起飞，它们拍打两三下翅膀就升入了天空；而海鸥总显得非常笨拙，它们从沙滩飞入天空总要很长时间，然而，真正能飞越大海横过大洋的还是它们。”

妈妈的话给了男孩很大的自信，他明白了妈妈的意思，再也不为此感到苦恼，后来，男孩终于成为了全校第一，而且成功考入了清华大学。

一个人，如果每天都进步一点，哪怕只是0.1%的进步，慢慢积累也会打造出超凡的能力。每天进步一点点，距离目标就能近一点。或许现在我们离自己设定的目标还很遥远，但只要每天都努力使自己进步一点，那么总有一天，我们会实现目标。相信小男孩的故事会让大家感触颇多，因为生活中很多事情都是这个道理，不管是学习还是自己的事业。

子琳家境比较贫寒，还没上完高中就因为生活所迫走向了社会，后被一家知名外企聘为清洁工。看看那些衣着高贵、气质不凡的白领们，子琳说不上有多羡慕，遂在心里发誓：“我要努力缩小与这些人的差距。”因此，只要有时间子琳就开始学习英语，她非常刻苦，每天不厌其烦地翻看英文字典，学得很拼命，就是上厕所时也拿着书看。“你在公司就是一个打扫卫生的，还想飞上枝头做凤凰，再学习能有多大出息”，有人嘲笑道，但子琳坚信：“没什么困难的，就算一天记忆十个单词，那一年的词汇量也能达到三千多呢，我一定可以的。”果然子琳的外语水平与日俱进，能与外国同事进行简单的交流，这让老板刮目相看，便提拔她做秘书。

做秘书其实也不是一个简单的工作，需要具备各方面的能力，还要帮助自己的老板解决很多冗杂的问题，其实这些对于子琳来说都是比较新鲜的，因为她从没接触过。这要怎么办呢？继续学习吧！除了把工作做得周到细致外，子琳只要有空就认真翻阅公司的各种文件，学习公司的业务。而且，她还报考了一个职业培训班，每个周末都去参加培训，风雨不误。终于功夫不负有心人，子琳的专业能力得到了很大的提升。在子琳看来，每天处于进步的状态，哪怕是进步一点点，这都是一件非常有成就感的事情，随后的工作，子琳越发努力。而后，又通过几年的认真学习和实践锻炼，她的工作能力越来越突出，成为老板不可或缺的“左右手”。对于自己的成功秘诀，子琳给出的答案是：“没什么，就是每天进步一点。”

“苟日新，日日新，又日新”，当量变达到一定程度的时候就会产生质变，追求梦想的道路不也是这个道理吗？我们不要好高骛远，也不要妄自菲薄，我们应该时刻保持积极向上的心，让自己处于不断进步的状态，那么成功就离自己不远了。正如李大钊所说：“凡事都要脚踏实地去做，不驰于空想，不骛于虚声，而惟以求真的态度作踏实的工夫。以此态度求学，则真理可明，以此态度做事，则功业可就。”坚持每天多学一点，就是进步的开始；坚持每天多想一点，就是成功的开始；坚持每天多做一点，就是卓越的开始；坚持每天进步一点，就是辉煌的开始！

第 05 章

低潮中继续努力，岁月一定不会辜负你

成功不是一蹴而就，而是经历了漫长的等待和付出。在人生旅途中，不管前方的路如何，不管当下的环境如何，别忘了继续努力，只有持续努力，辛勤的耕耘才能有所获得，才能迎接最好的明天。

真实付出，才应有回报

科学家爱因斯坦曾经劝告我们：人只有献身于社会，才能找出那短暂而具有风险的生命的意义。人生不是算术习题，更何况很多时候，一加一的总和经常超过了二。只要我们肯付出，终究会得到应有的报偿，不必计较付出了多少，也不必计较等待了多久。

很多时候，在我们期望得到什么的时候，我们必须先付出。如果你想得到别人真挚的友谊，你就必须以同样的真诚来对待别人；如果你想得到上司的肯定，你就必须努力工作，做出成绩；如果你想得到心爱的人的心，你就必须肯花心思了解他（她）的爱好，投其所好。人生的付出就好像站在山顶等待回音，你努力了，呐喊了，但要经过一段时间才能听到回响。

真正的智者深谙吃亏是福的道理，他们懂得用长远的眼光来看待付出与收获。实际上，上天从不会亏待每一个努力做事的人，与其对困难充满抱怨，不如去勇敢地克服它。能够取得成功的人，都是那些不怕困难，不怕失败，勇往直前的人，他们能够做到胜不骄败不馁，踏踏实实地去付出努力。而那些耍小聪明的人，看似精明，却总是没有得到期望的成就，在怨天尤人之际，他们需要有所反思。

人生需要付出，在付出的同时我们也在收获着属于自己的人生。付出是一株稚嫩的果苗，由于爱的浇灌，我们收获了一大片果林；付出是一只可爱的小龙，由于心的沟通，我们收获了一只巨龙；付出是一道微弱的光芒，由于我们用心，我们汇成了一道比太阳还亮的荧光！辛勤的耕耘是收获之本，良好的付出是成才之道！任何事都是要有付出才会有回报的，要获得事业的成功，除了有理想一定能实现的坚定信念和义无反顾一往直前的精神外，还必须付出我们的努力。

主动多做，让你脱颖而出

工作中，我们不应该抱有“我必须为老板做什么”的想法，而应该多想想“我能为老板做些什么”。只是尽职尽责还远远不够，我们应该比自己分内的工作再多做一点，这样将带给别人更多的印象，也可以吸引机会的注意，带给自己更多提升创造的时机。“多做一点”是一种坚持，也是成功者的一种执着信念，在现实生活中，有很多平庸的人宁愿在职场的平坦之路中前行，也不愿在充满机遇的商海中掌握自己的命运之舵。他们习惯了按部就班的工作，中规中矩地完成着每一个日常工作，也许不是主观意识的行为，但他们的内心深处总是无意识地逃避困难，给自己找各种开脱的理由。

诚然，每一个人都没有义务要做自己职责范围以外的事，但是如果你选择自愿去做，以此来鞭策自己前进，以主动的姿态去工作，你会变得更加积极、上进。同时，这种不在乎得失，“多做一点”的态度，将会让你从人群中脱颖而出，你的行为会使你赢得良好的声誉，并增加他人对你的需要。

王东是一家速记公司的实习速记员，一个周末的下午，其他同事已经早早下班了，只有王东一人留在公司整理这一周的工作资料——这本不是他的工作，但他觉得多做一点也没有坏处。就在这时，有一位律师走进办公室寻求帮助，他需要一位速记员来帮他记录一个十分重要的会议，而且这项工作必须当天完成。

王东告诉他，除了他，公司所有的速记员都已经下班了，如果他再晚来一会，自己也会离开的，但王东表示自己愿意留下来帮助他，毕竟“这项工作必须当天完成”。

做完工作后，律师问王东，自己该付给他多少报酬，王东摇摇头，“既然是帮忙，我就不会收你的钱，更何况我只是个实习生。”律师没有坚持，只是笑了笑，向王东表示谢意。

让王东没有想到的是，几个月后，那个律师又找到了王东，只不过这次是邀请王东到他的公司工作，薪水要比现在高出三成。

王东放弃了周末的休息时间，多做了一点事情，最开始只是为了帮助律师解决燃眉之急，实际上，他并没有义务一定要帮助那位律师，但他的所作所为却帮他赢得了一个人的尊重与肯定，同时也为自己带来一项比以前更重要、收入更高的工作。也许王东一开始多做一点事的初衷并不是为了获得额外的报酬，但显然，他获得了更多。

若想成为一名成功人士，必须树立终身学习的观念，既要学习专业知识，也要不断拓宽自己的知识面，因为一些看似无关紧要的知识往往会对未来起巨大作用，而“每天多做一点”则能够给我们提供这样的学习机会。

如果不是你的工作，而你做了，这就是机会。有人曾经研究为什么当机会来临时我们无法确认，因为机会总是乔装成问题的样子。当顾客、同事或者老板交给你某个难题，也许正为你创造了一个珍贵的机会。对于一个优秀的员工而言，公司的组织结构如何，谁该为此问题负责，谁应该具体完成这一任务，都不是最重要的，在他心目中唯一的想法就是如何将问题解决。

比别人多出一份力，比别人做得更勤，比别人做得更好，比别人做得更出色会为你赢得更多的机会。

“多做一点”是一个良好的习惯，虽然你没有义务做自己职责范围以外的事，但是你却可以选择自愿去做，来驱策自己快速前进。率先主动是一种极其珍贵、备受看重的素养，它能使人变得更加敏捷，更加积极，无论你是一名职场新人，还是一名管理者，“每天都多做一点”的工作态度将使你从众多竞争对手中脱颖而出，你的同事、老板、客户都会信任你，关注你，你也将得到更多的机会。虽然多做一点工作减少了你的休息时间，但却能为你赢得良好的声誉和美好的职场境遇，从长远来看，这是非常值得的。

多付出“一盎司”的努力

约翰·坦普尔顿是一名著名的投资专家，他通过多年的研究得到了一条定律——“多一盎司定律”。约翰认为，在工作、生活中，大多数人付出了同等的努力，甚至做了同样多的工作，唯一的不同是，那些成功者只比其他人多付出了“一盎司”的努力，但就是这微不足道的一点区别，让他们的人生变得大不一样。

小晨刚参加工作时，职位很低，是一个普通职能部门的助理，几年过去，他现在已经成为了老板的左右手，并担任一家下属公司的老总。当别人好奇地问他为何能如此快速升迁？他总是笑着回答：“我只是比别人多做了一点事情而已。”

原来，刚工作时小晨就发现，每天下班后，所有人都回家了，只有老板依然会留在办公室里工作。因此，他也决定下班晚点回家，虽然没有人要求他一定要加班，而且加班也不会有任何的收入，但他认为自己应该留下来帮助老板。一开始，老板总是需要自己找材料、打文件、订餐，时间放在这些小事上，非常影响工作效率，后来他发现小晨能够帮助他，就将一些琐事交给他。时间长了，老板很信任小晨，对他的任劳任怨非常满意，也给了他更多成长的机会，最终小晨获得了提升，他也紧紧抓住了这个机会，在工作方面迅猛成长，最后得以升为分公司领导。

有些人会认为，自己寒窗苦读十余载，进入社会是要成就一番大事业的，小晨所做的这些小事他们感到不屑一顾。其实不然，越是这种琐碎的小事才能真正反映一个人的责任心，体现出他的职业素养。虽然小晨一开始并没有获得相应的报酬，但他的任劳任怨最后也为他赢得了应有的奖励。

拿破仑·希尔曾经说过："进取心是一种极为难得的美德，它能驱使一个人在不被吩咐应该去做什么事儿之前，就能主动地去做应该做的事儿。"其实，这是一种成功人特有的习惯，更是一种修养，那些成功的人总是能够自动自发地去做他们认为应该做的事，并付出比别人再多一点的努力。那么，我们要怎么样才可以养成"多做一点"的习惯呢？你需要这样做。

1.坚定决心

当你决心去做好一件事时，其实你已经比其他人多了一个优势，你的目标明确，这会让你比其他人更用心。如果你能费心多去寻找一些有用的资料，或者认真思考最佳的解决方案，这时你就比别人又多了一个机会。当你能够认真、踏实地去做事，往往就能够从自己的工作、生活中获得最大的益处和提升。

2.勇敢面对

世上没有简简单单就能成功的事，因此越是艰难的事情，你越要勇敢地去面对，这时你会发现，困难并没有你想象的那般难以解决，而且适当的压力反而会让你的潜能得到最大程度的发挥。如果你能多做一些力所能及的工作，那么不仅能彰显你的刻苦、勤奋，而且能让自己具有更大的竞争力，从而抓住生活中的每一个机会。

3.贵在坚持

每天比别人多做一点，这并不难，难的是要坚持。做事贵在坚持，若你能够给自己制定下目标并雷打不动地去完成它，这将为你带来良好的声誉和潜在的机遇。正所谓积少成多，你会发现，在不经意之间你已经慢慢超过了同行的人，并且比他们更早一步走向了成功。

很多时候，多做一点小事对我们来说只是举手之劳，却能在工作、生活上给我们带来无尽的益处。也许你只是在别人午休的时候多看了一本专业书，也许你在别人认为工作完成时又认真地检查了一遍，也许你发挥了“多一盎司”精神，把自己的工作、生活做到位，只要你多比别人做那么一点点，时间长了你就会发现，你已经远远地把别人甩在后面。长此以往坚持下来，这种点滴的积累会孕育成一颗颗成功的种子，使你获得数倍于一盎司的回报，你的人生将会大不一样。

生活本无奇，皆从点滴起，当我们能够学会和懂得从点滴小事开始做起，多多关注身边的人和事物，从中发现自己前进的方向，然后在付出努力的同时，再比别人多做一点，如此这般，我们将会受益终生。

越聪明，越要下苦功夫

“越是聪明人越要懂得下笨功夫！”这是钱钟书对所有聪明人的忠告。人们普遍认为聪明人做事机敏，触类旁通，认为他们最容易成功，其实不然。许多人自恃聪明，却一事无成，“聪明反被聪明误”就是这个道理，这是由于他们缺少全力以赴的动力，总是利用自己的聪明去走捷径，结果反而陷于困境。

张扬是一所名牌政法大学的毕业生，还未毕业就已通过了司法考试，因此，在大家都在忙于找工作的时候，他已凭借优异的成绩轻轻松松地去到一家知名律师事务所当律师助理了。

与张扬一起入职的还有一个叫李伟的毕业生，他毕业于一所普通本科，考了三次都没有通过司法考试，因此当张扬知道这个岗位将在他们两人中产生时，他非常放松，从始至终，他都没把笨拙的李伟当做威胁。

入职第一天，张扬和李伟被安排整理案卷，工作平分。张扬看着档案室里堆积如山的案卷，实在不想把时间浪费在无聊的整理工作上。而李伟说干就干，一边仔细地做着记录，一边认真地看案卷内容，然后还拿个本子做记录。有时李伟会问张扬一些貌似很基础的法律问题，若张扬不爱回答，他就借着端茶倒水的机会去问其他律师。

事务所里的律师大部分都在外面跑，很少在所里，每当这时，张扬就会把手里的工作扔给李伟，自己跟着其他律师出去办案。

当张扬跟着律师去见当事人、法官或出庭时，李伟正在做着整理案卷的工作，进度缓慢。当张扬已经开始写诉状、发律师函时，李伟还在老实地整理案卷。张扬在心里嘲笑李伟，就这么整理案卷，能学到什么，你就傻乎乎地当三个月临时工吧。

很快，三个月的试用期结束了，张扬信心满满，甚至已经在想怎么能让主任给自己提高一下待遇，没想到主任却决定留下李伟，请张扬另谋高就。

主任看着张扬愤愤不平的样子，问他：“你是不是觉得你比李伟聪明，比李伟能干，最应该留下的那个人是你？”

张扬点点头说，难道不是这样吗。

主任接着问道：“那你在这三个月里学到了什么？”

张扬把自己这段时间的工作和经历一五一十地说了出来：“我已经跟着办了十几个案子，办案的所有流程我都掌握了，很快就可以独立办案了。”

“那你想不想知道李伟学到了什么？”主任问。

张扬很不服气：“他除了整理案卷，做些杂七杂八的事，还能学到什么有用的事。”

主任拿给张扬一张表格，他一看，上面密密麻麻的记录了几百个案件的资料，不仅分析了案件的种类、标的、案源等各方面情况，甚至还分析了每个律师办案的风格。

主任接着又拿出五本大大的笔记：“你看看，这是李伟对每个案件学习研究的笔记，不懂的地方都有红笔标注，还注明可以向谁请教以及自己今后努力的方向。”

张扬低下了头，终于承认，自己不如李伟踏实，肯下功夫，自以为聪明地学习了十几个案件的经验，而李伟却用最笨的方法学习了几百个案件的经验。

在这场战斗中，他确实输给了李伟。他用了三个月的时间学习了十几个案件的经验，而李伟却用最笨的方法学习了几百个案件的经验。李伟教给了他人生中最重要的一课：真正聪明的人，懂得下最笨的功夫。

生活中，总有些人因为急功近利，而选择了一些看似是捷径的方法去做事，但实际上，那些捷径却很少能成功。取得成功的关键在于按部就班地完成每一步，而不是想方设法地投机取巧。无论你的目标是拥有丰厚的资产，健康的体格还是良好的人际关系，这都是不容置疑的真理。

在前进的路上，接受他人的指导是必要的，这只是一种更为有效的学习方法，但却不能取代我们为了成功所需要的必要努力。无论是白手起家做生意，还是埋头苦读做研究，我们都必须要下苦功夫、笨功夫，真正的成功没有捷径可走。

人生的每一次成功都需要我们为之付出努力，前进的每一步都是一次次成功的累积。有些聪明人没有看透这一点，选择投机取巧，那自然不会取得很大的成就。只有能够下笨功夫的人，才能进入成功的殿堂，他们才是真正有智慧的人。

加倍努力，才能让你有所获得

成龙的《真心英雄》，让很多人都听得心潮澎湃：“把握生命里的每一分钟，全力以赴我们心中的梦。不经历风雨，怎能见彩虹，没有人能随随便便成功……”的确，正如这首歌中所唱的，没有人能随随便便成功。每个人都渴望成功，渴望成功给我们带来的光环和荣誉。然而，成功从来不是唾手可得的。在通往成功的路上，我们必须付出数倍于常人的努力，坚持不懈，永不放弃。当别人在休闲娱乐的时候，你也许在学习或者在工作；当别人酣然入睡的时候，你也许正奔波在通往成功的路上；当别人在享受的路上，你已经对自己提出了更高的要求；当别人浑浑噩噩，不知道如何努力的时候，你已经找准了人生的方向，一往无前……只有当成功的路上洒满了你的汗水和泪水，你才能一步步地接近成功。

成功没有捷径，正如高尔基所说，“天才出于勤奋”。大文豪鲁迅先生也曾说过，“伟大的事业同辛勤的劳动是成正比例的，有一份劳动就有一份收获，日积月累，从少到多，奇迹就会出现”。这些伟人的经验都在告诉世人：要想获得成功，不但要勤奋，还需要加倍的努力。没有人能随随便便成功，每一个人的成功，在其他人看到无数风光和荣耀的同时，背后注定是无数的辛勤付出和汗水心血。尤其是作为普通人的我们，从最平凡的起点出发，没有显赫的背景，也没有光鲜亮丽的经历，那么一切都只能从零开始，踏踏实实地努力奋斗。

东汉时期，孙敬是大名鼎鼎的政治家。孙敬自幼就刻苦学习，常常独自一人废寝忘食地读书。每天清晨，他天不亮就起床，夜晚读到很久，还舍不得放下书本。日久天长，他严重缺乏睡眠，常常在读书的时候困得打瞌睡。为了让自己不要睡着，他思来想去，想出了一个好办法。他找到一根长长的绳子，一端系在自己的头发上，另一端系在房子的横梁上。这样一来，每当他读书的时候感到困倦，情不自禁地睡着时，只要头一低，头发就会被绳子牵扯住，感到疼痛。如此一来，他马上就会从睡梦中醒来，接着努力读书。

战国时期，苏秦也是赫赫有名的政治家。不过，苏秦自幼家贫，没有读过多少书。年轻的时候，苏秦因为学识浅薄，总是得不到重用，始终一事无成。回到家乡之后，就连家里人也很鄙视他，从不正眼看他。这让苏秦深深地意识到：一个人一事无成是得不到别人的尊重的。为此，他下决心发奋苦读，每天都手不释卷。如此勤奋读书，废寝忘食，他常常在读书到深夜的时候不小心睡着。为了让自己保持清醒的头脑学习，他特意找出一把尖锐的锥子。每当感到困倦想要睡觉的时候，他就用锥子狠狠地对着自己的大腿刺一下。这样一来，猛然袭来的剧烈疼痛会让他瞬间睡意全无，继续读书。

孙敬和苏秦勤奋苦读的事迹广为流传，渐渐衍生出“头悬梁，锥刺股”的成语，激励更多的后人们勤奋读书。

汉朝时期，匡衡学习非常勤奋刻苦。由于家境贫寒，他每天都要做农活，打零工，挣钱养家。只有等到夜晚来临的时候，他才能抽出时间读书学习。然而，他没有钱买蜡烛，天黑之后根本看不清书本上的字迹。眼看着夜晚的宝贵时间白白流走，匡衡心痛不已。有一次，匡衡向富裕的邻居提出请求：“我买不起蜡烛读书，你家晚上总会点燃明亮的蜡烛，我能不能借用你家的地方读书呢？”邻居鄙夷地看着匡衡，冷嘲热讽地说：“你这么穷，连蜡烛都买不起，还读书做什么呢？”听了邻居的话，匡衡气愤不已，下定决心要勤奋读书。

回家之后，匡衡思来想去，终于想到了一个好办法。他偷偷地把和邻居家相连的墙壁凿了个窟窿，这样一来，他就可以借着从窟窿里透过来的微弱烛光读书了。很快，他就把家里所有的书都读完了。为了学到更多的知识，他向附近一家藏书丰富的大户人家借书，并且承诺免费给这家人当长工。看到匡衡如此好学，主人感动地答应了他的请求。正是凭借着如此勤奋好学的精神，匡衡才学有所成，最终成为大名鼎鼎的学者，并且当了汉元帝的丞相，辅佐汉元帝治理天下。

从古至今，所有人要想获得成功，都必须依靠自身的勤奋和努力，而且是加倍的努力。尤其是现代社会的年轻人们，要想证明自己，更加需要付出努力。古代社会生活条件那么艰苦，穷人想要读书都是奢望，和他们相比，我们生活在现代社会简直太幸福了。我们不但可以在学校里读书，而且参加工作之后也可以通过读书改变自己的命运。当然，勤奋不仅仅限于读书一个方面。通往成功的道路有很多，勤奋也体现在诸多方面。简而言之，只要自己拥有一颗不甘于平庸的心，坚持不懈地加倍努力，就一定能够获得成功。

时间效用最大化，拓宽生命宽度

鲁迅先生曾经说过，“时间就像海绵里的水，挤一挤还是有的。”现代社会，生活节奏越来越快，工作压力也越来越大，人们终日忙忙碌碌，为了生活而奔波。无数人抱怨时间越来越不够用，忙了工作就没有时间照顾家庭，顾了家庭又失去了工作，似乎家庭和工作变成了对立的敌人。其实，这些人是因为没有搞清楚生活和工作之间的关系。工作的目的是为了更好地生活，生活才是工作最本质的追求。假如因为工作失去了生活，那么纯粹的工作又有什么意义呢？实际上并非生活和工作不可兼顾，而是有些人把生活和工作变成了对立的、不相容的关系。

时间就像海绵里的水，当你提高了工作的效率，合理安排工作的时间，你就有了更多的时间陪伴家人，照顾家庭。即使排除家庭的因素，你也需要更合理安排工作，才能保证自己有充足的时间休息和娱乐。在紧凑型的生命中，时间远远大于二十四个小时。在松散型的生命中，时间远远小于二十四个小时。而在理应奋斗的人生阶段，我们必须拓宽延长时间，这样才能在有限的生命中做出更多的努力，最大限度地提升自己。

时至今日，依然有很多人在做着白日梦，奢望天上能够掉馅饼，突然砸在他们的头上。实际上，事实已经证实了，天上永远不会掉馅饼，或者说即使真的掉下来馅饼，也不会砸到你的头上。所以，不要太高看自己，该努力的时候，必须认真踏实、不遗余力地努力。人人都渴望成功，只有对自己狠一点儿的人，才能获得真正的成功。

张丹能有今日的成就，完全是倚靠自己努力的结果。听到或者看到这个名字，很多人都以为张丹是位温柔娴静的女孩。其实，张丹非但不是女孩，还是个黑脸的男子汉呢！他皮肤黝黑，很多相熟的同事都笑称他是非洲人。

从大学毕业进入公司开始到现在，张丹已经到公司十年了。十年说长也长，说短也短。很多人在十年的时间里如同一日，迄今仍然是名不见经传的小角色。但是张丹却在十年里实现了人生的蜕变，成为公司的副总。没有后台也没有背景的他，到底是如何做到的呢？很多人说张丹运气好，所以才能平步青云，只有张丹自己知道自己付出了多少。

从进入公司第一天开始，他从未按照正常的作息时间上班或者下班。因为是在北京，交通拥堵是常事，所以张丹公司规定九点上班。但是张丹呢，尽管公司里就数他住得最远，但是他却每天都第一个到达公司。到了公司之后，他会阅读与工作内容息息相关的很多信息，而且在第一时间对当天的工作作出主次分明、重点突出的安排。有的时候，他还会利用这安安静静的一个小时，提升自己的专业能力，阅读相关的专业书籍。

每天一个小时，也许听起来时间并不长，但是日积月累，张丹的进步是大家有目共睹的。

有一次，公司的技术顾问遇到了一个从未见过的难题，即使找了很多专业人士一起讨论，也没有想出问题到底出在哪里。张丹得知后，当即联想到自己平日里看到的国外相关事例，很快就解决了问题。除此之外，张丹每天下午下班之后，还会特意抽出半个小时的时间，总结自己一天工作的收获。他很清楚，自己要做到笨鸟先飞，才能弥补不足。就这样，到了公司没几年，张丹就接连得到提升。这次，公司正好缺一个既懂得技术又能够独当一面的副总，张丹顺理成章地得到了这个机会。

每天一个半小时，一个小时用于学习，半个小时用于总结，如此日久月累，张丹的收获并非常人能够与之相比的。生活中，有很多人都梦想着成功，但是他们的梦想往往停留在空想阶段，真正能够像张丹一样把梦想落实到生活和工作的点滴之处的人，少之又少。如果我们也有如此的毅力和韧性，想必我们的人生也会有很大的不同。

或者，你曾经无数次给自己制定严苛的计划，想要真正地从严要求自己。但是你也有若干次在计划还没有真正实施过一次之前，就把辛辛苦苦、认真斟酌的计划书扔进了垃圾桶。再或者，你只坚持了几次，就开始为自己寻找借口，一拖再拖，最终把呕心沥血制定的计划书变成了一文废纸。还有些人虽然真正坚持下来，却因为没有在短时间内看到成果，因而急功近利，最终功亏一篑。古人云，滴水穿石，绳锯木断。任何伟大的成就，一定需要我们付出加倍的努力，最终才能守得云开见月明。

时间就像海绵里的水，你挤了吗？你坚持挤了吗？

第06章

低潮中找准方向，人生需要指南针

前方是否有明晰的路，在于你内心是否有一个坚定的目标，它就像是人生旅途中的指南针，指引着我们走向正确的方向。所以，对努力的人生而言，目标很重要，找到目标持续努力才有可能成功。

坚定目标，心中才会充满希望

在生活中，每个人都会有自己为之奋斗的目标，不过有的人目标制订得太过远大，以至于超过了自己的能力范围，结果无法实现；而将目标制订得过小的人，因轻而易举就实现了梦想，反而会产生一种骄傲自满的心态。因此，制订一个可行的目标很重要。

虽然目标是人们自己制订的，但制订的是否合理、可行则关系到人们是否能顺利通往自己的成功之路。一个遥不可及的目标会让人心生绝望，从而悲观厌世，而一个触手可及的目标则会让人产生自负自傲的心理，这些都会成为人们前进道路上的绊脚石。

人生的目标不是独立存在的，它需要人们制订相应的计划去付诸实行，目标指导着计划，计划影响着目标的达成。所以，当我们向人生目标努力时，首先要考虑清楚自己的行动计划，要怎样做才能达成，而不是好高骛远，制订一个根本不可能完成的目标。只有制订的目标合理可行，人们才不会在追求中感到困惑、无力，更不会在前进的过程中迷失方向，人们会清楚地知道自己下一步要做什么，并有相应的标准去评判自己的努力是否能够成功。

如果我们发现我们制订的目标不可行，那就要及时作出调整，避免没有任何意义的付出。然而有些人在设定人生目标时并没有如此深切的考虑，仅仅依靠自己的一丝梦想来支撑，与其如此，还不如一开始就让自己的目标尽可能符合实际。那么，我们要如何给自己制订一个可行的目标呢?

1.明确自己的目标

有些人总是把目标深藏在自己的心里，但这样会让目标随着时间的流逝而渐渐模糊，直至忘记自己最初的梦想，我们可以将目标写出来，放在明显的地方，时时刻刻提醒自己。

2.细分自己的目标

当目标明确后，我们要细分每一个步骤，写下自己所需的资源和完成每一步所需要的具体行动，这样我们才能知道哪些目标能够实现，而哪些是不可能完成的。

3.把握计划框架

我们要把握住计划实行的大体框架，清楚每一步要完成的结果和时间，并根据目标需要，制订详细的小计划，如年计划、月计划、周计划，以便督促自己按照预定计划去完成。

若人们没有明确的人生目标，自然也没有努力的方向，这时别人也无法为我们伸出援手，若要人相助首先要自助，当我们没有明确的目标时，首先要根据自己的实际情况制订一个可行的目标，明确自己努力的方向，然后再制订一个可行的计划，通过不断的分解，一步步努力去完成，才能真正实现自己的人生宏愿。

每个人都要拥有一个坚定的目标，这会让我们心中充满希望，有了目标人们才会明确自己前行的方向，这样才能在层层挫折中不断坚守自己的梦想，通过一步步的努力，去实现它。

选择目标比盲目努力更重要

智者曾说，“一个人要走自己的路，本身并没有错，关键是要正确选择脚下的方向”，走自己的路，让别人去说，关键是看我们走的路是否正确。如果一个人选择了一条死路，那么他注定难有辉煌，最终将会被历史的长河淘汰。一个又一个成功者的故事告诉我们，一定要重视“选择”的力量，因此，当你遇到困难时，不要束缚自己的双眼，你要看清自己的局势，看清未来的方向，这样当你再坚持一下，再向前一步，才有可能找到解决问题的方法。

成功者之所以能成功，就是因为他们选择了正确的道路，并执着地走到了终点。成功不是老天给予的，而是靠我们的判断、选择努力而来的，如果万事都顺利，那我们又有什么去努力拼搏的价值呢？所以说，人们不要再去抱怨命运的不公，不要抱怨机遇总是一晃而过，因为这些都是要靠我们自己去选择、去判断、去争取的。

有一个年轻人，他做事十分勤奋、努力，但经过多年的拼搏，总得不到什么大的成就，他感到十分困惑，听闻深山里住着一位智者能解答天下难题，他便慕名前去拜访，希望能够得到一点指点。

智者听完他的讲述，并没有说什么大道理，反而叫他跟自己的弟子们一起去五里外的山上打柴。年轻人虽然不明白智者为什么这么做，但还是跟着去了。打柴是个力气活，年轻人用尽全身的力气也才打了六捆，在回来的路上，小山一样的柴火压得他抬不起腰，最后实在扛不动了，他只得把两捆柴扔在路边。又走了一段山路，他不得不又扔掉两捆，最后气喘吁吁地背着一捆，拖着一捆，艰难地回到了智者的住处。

一同前去的大弟子和二弟子则不同，他们先是分开砍柴，各自砍了两捆，然后将这四捆柴挂在一根扁担上，一起抬了回来，不仅如此，他们还将年轻人丢掉的那四捆柴也抬了回来，轻轻松松地带回了八捆柴。而身材矮力气小的小弟子，正坐着木筏从上游漂回，他的木筏上也赫然摆放着八捆柴。年轻人看到这一幕惊呆了，他沉思了片刻，便去拜谢了智者。

故事中的年轻人没有正确预估自己的能力，一进山就开始拼命砍柴，虽然努力做事，但却没有任何详细的计划和准备。他的勤奋值得肯定，但工作效率却实在不高，最后他拼尽了全力，贸然背起六捆柴，结果寸步难行，最终只得放弃一大部分，费时费力又没有成果。这种依靠蛮力，缺乏智慧的做事方法，只能导致事倍功半。

智者的弟子们则不同，大弟子和二弟子利用了团结的力量，齐心协力共同抬回八捆柴，他们付出的努力与回报是对等的。而小弟子深知自己的体力不如人，他便借用河水与木筏的力量，选择适合自己的运输方法，一个人轻松地拿回了八捆柴，可以说是事半功倍。

做事勤奋、努力固然重要，但一定要重视选择的力量，人们只有选对了目标，才能朝着它去努力奋斗，最终取得成果。在工作与生活中也是如此，忙忙碌碌的工作、学习，效果并不理想，反而如蜻蜓点水一般浪费了很多时间。

选择的力量很奇妙，它可以让人的工作效率变得很高，也可以让我们的人生之路变得黯淡无光，关键在于人们自己是如何选择，选择的结果是否适合。因此，我们在做事时，不如先看准目标，给自己制订详尽的计划，再向前去努力，这样成功的可能性才会大大增加。年轻人已经明白了这个道理，你呢?

俗话说，好的开始是成功的一半，同样的，好的选择也是成功的一半，我们做事时，要先给自己制订一个目标，如果在向这个目标前进的路上我们遇到了很多分叉路，那么就应该先冷静下来，聆听自己心中的声音，向自己向往的目标去努力奋斗。朋友们让我们做出聪明的选择，做一个成功的人!

知道想要什么，前景便是一片广阔

在人生的道路上找准目标、确定人生方向，是每个人走向成功必须要做的事。所谓目标，它可以是你这一阶段的努力方向，也可以是你整个职业规划的最终目的。只要有了明确的目标，知道自己想要的是什么，那么你的前景也会一片广阔。

很多人都期待走上社会经济的舞台，并成长为影响一方的主角。但大多数人最后只能庸庸碌碌过一生，为什么？就是因为他们没有长远的目标，整日浑浑噩噩，不知道努力是为了什么。常此以往，不只丧失前进的动力，人也会变得一蹶不振。

魏某上学时成绩优秀，一直是老师、家长眼中考名牌大学的好苗子。魏某18岁那年如愿考上了北方的一所大学，毕业后顺利到一家小有名气的杂志社应聘成了记者，但是工作后的魏某并没有像大家所想的那样顺风顺水。原来因为家人、老师的期盼，读好大学、找好工作一直是魏某前进的目标，可是参加工作后，魏某忽然失去了努力的方向，工作也一直不温不火的，很快便失去了动力，每天浑浑噩噩，出版社里的老编辑见他没什么上进心也是颇有微词，经常在领导面前批判他。魏某觉得压力巨大，于是辞职了。

辞职后的魏某看见昔日的许多同窗因为做销售，现在混得还不错，便找了一份销售的工作，做了不到两个月，魏某觉得没什么意思，再一次辞职了。

浑浑噩噩、没有目的的魏某，就这样，在毕业了很多年以后，依然只能混迹于普通公司的底层职位。

在我们的一生中，除了年幼无知的童年时期外，其他每个不同的成长发展阶段都与立志有很大的关系。上学的时候，魏某因为有父母的期待，所以上大学是目标，可是完成这些之后，他立刻就没动力了。其实很多年轻人都能从魏某的身上找到自己的影子，毕业之后，脱离学校与家长，自由了，也没有目标了。

大多数人觉得人生很迷茫，找不到方向，归根结底都是由于没有远大的志向和可以为之奋斗的目标。没有目标，就没有前进的方向，生活也就会过得像一盘散沙；没有远大的志向，人就会变得慵懒，而没有动力，只能听天由命，茫然叹息。想不让机会就这样溜走，青春不会就这样逝去，只有靠志向和理想冲出迷茫的漩涡，随之崭新的人生之页将会为你从此刻掀开。

目标有大有小，建议大家在确定目标时可以先确定一个大目标，比如职业理想、人生规划，然后将大目标细化，分成阶段性目标。这样就不会因为目标太渺茫而心生放弃，而且一步一步朝着目标不断靠近，人也会充满成就感。

心中有向往，人生演绎才会更精彩

忙碌是人生的生活状态，充实是人生的一种态度，只有心中充满追求，不断去拼搏努力，人生才会更加充实美丽。在《钢铁是怎样炼成的》一书中，主人公保尔·柯察金曾说过这样一段话："人最宝贵的是生命，生命每个人只有一次。人的一生应当这样度过：当他回首往事的时候，不因虚度年华而悔恨，也不因碌碌无为而羞愧；这样，在临死的时候他就能够说：'我的整个生命和全部精力，都献给了世界上最壮丽的事业——为人类的解放而斗争。'"这段话充分诠释了生命的意义及人生的追求，人生的充实不仅在于游览了多少风光、饱览了多少图书，而是将人的知识、阅历、人情世故加以积累，不断更新，我们的人生才会有所收获、有所充实。人若没有追求，就没有理想，没有为之奋斗的目标，那必然会心中空虚，迷失方向。而若心中有了追求，有了向往，那他的人生必然会演绎出许多精彩的故事。

需要提醒你的是，当你有了人生的追求，还要有实施计划的方案，这样才能循序渐进，有计划地去一步步实施。美国耶鲁大学曾对应届毕业生做过一次研究，那些毕业生被询问是否有清楚明确的目标以及实现目标的书面计划时，结果只有3%的学生有书面计划。20年之后，再次调查这些当年接受访问的人，结果发现那些有明确目标并有书面计划的3%的学生在财务状况上远高于其他97%的学生，而且在快乐和幸福的程度上也高于其他97%的学生。进一步分析发现，有明确目标和计划并写下来的人，在他们一生中完成的工作量是那些有计划但留在脑子里的人的50～100倍。

心中的追求让人们的生活变得丰富，也让人的一生充满干劲，随之也有了付出努力实现的目标。当你心中有了前进的方向，就会权衡利弊，把毕生的追求看得比名利还要重要，你的人生也会就此充实起来。

当你为心中的目标而付出不懈努力的时候，你会觉得名利权钱不过是一种附属，只有你所追求的才是生命的主体。它像一盏明灯，照亮了我们前进的步伐，鼓舞着我们不断付出努力，充实自己的人生，让我们的人生变得更加灿烂、辉煌。

第 07 章

低潮中砥砺前行，希望往往就在转角

人生有七味，不仅仅有甜蜜的幸福，还有苦涩的感觉，但正是因有苦涩的存在，才会显得生活更加甘甜。所以，当我们遭遇挫折的时候，别因此感到沮丧，不妨踩着失败和痛苦走过来，迎接你的必然是希望。

经历磨难，也别放弃希望

看《动物世界》时，常有这样的镜头，一大群斑马被一只狮子追赶，奔跑着跑过宽广的草原，直到其中一只斑马被狮子死死咬住，其他的斑马才能跑离镜头。其实，若这些斑马能够团结起来，扬起自己坚硬的马蹄，踩也能把狮子踩死。但就是因为恐惧，从内心里觉得不能战胜狮子，才会无力抵抗狮子的追逐，直至成为狮子的美餐。人也如此，人虽然有智慧，会团结，但是面对困难时，反而会考虑更多，害怕丢掉面子，害怕损失金钱，害怕受到伤害，最后搞得全盘皆输。

万物生而对立，有胜自然有负，胜有胜的得意，负有负的道理，输并不可怕，当你能够从败局中吸取不败的经验，才有可能取得最后的胜利。常人道，失败是成功之母，不怕输的人，才有可能赢。

任何人的成功都不是偶然的，那些取得成功的人，都有一个共性，即他是踩着无数的失败和痛苦走过来的，比其他人付出得多，经历了磨难也没有放弃过希望，始终坚信，只有不怕输的精神，才有可能真正取得人生的胜利，因此才能在荆棘之路上奋勇前进，奔赴光明的未来。

从挫折中吸取经验和营养

挫折是人生的必修课，它使我们明白了生命的真谛，告诉了我们要以“正视、不屈、坚持、沉着”的态度对待生活。古语说：“塞翁失马，焉知非福。”当我们在生活中碰到挫折时，不要畏惧，不要厌恶，有时候，挫折对我们来说反而是一件历练意志的好事。挫折可以锻炼我们克服困难的种种能力，就像参天的大树，若不经过日晒雨淋，树干就不会长得这么结实。以树比人，人若不遭遇种种挫折，就不会走向成熟，可以说，一切的磨难忧苦与悲哀，都足以帮助我们成长，锻炼我们，所以我们要正视挫折。

哲学家科林斯说：“不经历挫折，成功也只能是暂时的表象，只有历经挫折的磨难，成功才能像纯金一样发出光来。”

挫折并不可怕，可怕的是，经历了挫折却不知道总结挫折的教训，暂时的挫折不应该是消沉的原因，而应该是继续奋斗的起点。逃避挫折是解决不了问题的，最好的办法就是与挫折相处，勇于面对它，接受它，并从挫折中吸取人生的经验和营养，从而使自己在不断经历和克服挫折的过程中逐渐成长，直至走向成功。

把自我挑战当成一把锐利的刀

人的一生会遇到很多问题，当遇到困难时，很多人会打退堂鼓，他们还没有付出努力，就去想失败的后果，慢慢地自己就失去了坚持的动力，直至放弃努力。

失败是人们通往成功路上的绊脚石，失败并不可怕，只是有的人跌倒后会失去信心，他们被失败打击得没有了原有意志，每天都消极度过，于是敷衍地对待每一件事，没有了坚持和努力，成功自然会离他越来越远。如果你能够不断地努力，用心地拼搏，当你挥洒着汗水为自己的明天奋斗时，所有的艰难险阻都会度过，所有的困难也都会得到解决，你会发现，你已经成为了一个成功者。

李密是一个厨师，当他在法国深造的时候，最向往的就是能够到以古典美为特色的众神佳肴餐厅实习。该餐厅已经连续近30年稳居“米其林美食三星餐厅”之列，而它的另一个知名之处是，对料理烹饪手法的严格保密，所以它从不接受外国实习生。据说有时连法国本土著名厨师学校毕业的人都得不到当实习生的机会。

李密决定去这家餐厅碰碰运气，当他拿着自己的履历表在后厨门口徘徊了30分钟后，正好看见厨师长走了出来，他赶忙走上前去，抑制住自己兴奋的心情，向厨师长问好，并将手中的材料递给他。厨师长并没有翻看李密的履历，直接说道：“这儿没有你的位置，请回吧！”

第一次的尝试以失败告终，李密没有死心，过了几天，他又拿着履历材料来找厨师长，然后不出意外地又被拒绝。李密不想放弃，他觉得虽然自己不是法国人，但他对法国菜的热爱一点也不会输给本土人。即使他不是师出名门，基础也有些薄弱，但这不是阻止他通往成功的障碍，反而会成为他不断完善自己的动力。

就这样，李密一边在巴黎一家小餐厅里努力学习，一边继续到众神佳肴餐厅申请实习。当他第九次去的时候，发生了一件他没想到的事，餐厅经理认为他对餐厅的经营造成影响，选择了报警，李密十分惊慌地离开了。在回家的路上，他第一次感受到挫败，难道他真的只能放弃了么？

第二天，李密第十次来到餐厅门口，这一次他没有带履历材料，而是带了一张飞往中国的机票和一个实习合同，他对一脸不快的厨师长说："厨师长先生，我只希望对您说一句话，说完以后我将回到中国，以后也不会再来了。"

"今天如果我再遭到您的拒绝，我将回到中国，到时，中国人就失去了品尝您亲自制作美食的机会，他们会觉得法国料理不过如此，您拒绝我一个人不要紧，但对您来说，您损失的是向一个国家传播美食文化的机会，比较起来，您的损失比较大。"

尽管李密说话的声音很大，但他内心十分紧张，对他来说，这真的是最后的机会了。这时，厨师长走向他，翻了翻实习合同，然后对李密说，"合同我收下了，你明天可以来上班了。"

李密终于成功了，他成了这家餐厅第一外籍实习料理师。有时他会想，如果没有之前那十次不顾脸面的尝试，他也就不会有这最后一次的成功。

成功的公式是：成功=坚持+坚持+再坚持。很多成功人士都坚信这个公式是正确的，因为他们坚信，只有不断地去尝试、不断地去努力，才有可能取得成功。当然，一次努力不一定取得成功，但不努力一定不能取得成功。在面对困难时，每个人都有选择的权利，是选择知难而退，放弃努力；还是选择坚持不懈、继续奋斗？这将会给我们带来不同的结果。

当遇到挫折时，失败者总是会想，“不要用鸡蛋去碰石头了，我会粉身碎骨的”，然后他就会轻易放弃，不再努力，显而易见，他也不会获得成功。而那些靠不断努力得到成功的人对这种想法从来都是不加理会的，他们在失败时总是会再去尝试。他们会这样激励自己：“这是一条难以成功的道路，现在让我再从另外一条路上去尝试一下吧！”

人生的道路崎岖不平，只有勇于向自我挑战才能前行。成功的秘诀就是：每当我们失败时，要想方设法再去尝试，总结自己的过失和教训，用积极的人生观激励自己不断进步！且把自我挑战当成一把锐利的刀，用它去斩除旅程中的荆棘，超越巅峰，超越自己。

成功之路就是不断重来一次

托马斯·爱迪生曾说：“人们最大的弱点在于放弃，成功的必然之路就是不断地重来一次。”面对人生，无论环境多么恶劣，生活多么艰辛，如果你放弃了努力和奋斗，情愿放弃希望，那么失败是肯定的。但如果你不甘心放弃，心里始终相信还有未来，那么你将会有无穷无尽的力量去帮助你克服每一个困难。有时候，失败者的聪明才智并非不如成功者，他们只是缺少了一丝希望。

李安的父亲李升曾是台湾重点学校——台南一中的校长，他对自己的两个儿子抱以厚望，希望他们能够学业有成，成为国家的栋梁。然而天不遂人愿，他的两个儿子在学业上都不能让他满意，大儿子李安大学联考两度落榜，小儿子李岗在落榜一次后，第二年考上海洋学院航海系。因此，在正式场合，李校长绝口不提两个“不争气”的儿子。

李安第二次落榜后，每日闲在家里，父亲痛骂他的不争气，而他总是默不吭声，家里更是愁云惨淡。家中曾有一位长辈问李安，有没有想过将来的出路。李安满怀希望地说，自己要成为一名著名的导演，家人都觉得这是一个笑话，在李家，演艺圈根本不是什么正经职业，大家都只当李安是在开玩笑。

1978年，李安做了充足的准备，想要报考美国伊利诺大学的戏剧电影系，李父强烈反对，他告诉李安，“在美国百老汇，每年只有200个角色，却有50000人争夺，你走的这条路根本不会有好结果，还不如去上一个职高，出来谋一份银行的工作稳妥”。李安不顾父亲劝阻，决意登上了去美国的班机，父子关系从此恶化。

几年后从电影学院毕业，李安才明白了父亲的苦心。在美国电影界，一个没有任何背景的华人要想混出名堂来，谈何容易！李安大多数时候只能帮忙看看器材，做点剪辑助理、剧务之类的杂事;他一度拿着剧本，两个星期跑了三十多家公司，一次次面对白眼和拒绝;有投资人要求他反复修改剧本，但改完数十次以后，剧本最终石沉大海……

在好莱坞遇挫时，李安曾蛰伏6年做“家庭主夫”，靠在伊利诺大学攻读生物学博士的妻子微薄的薪水度日，在此期间两个儿子相继出生。李安在家包揽了所有家务，买菜、做饭、带孩子……每天傍晚做完晚饭，他就和儿子一起兴奋地等待“英勇的猎人妈妈带着猎物回家”。

面对现实的窘迫，李安一度想要放弃电影，委曲求全改学计算机。妻子林惠嘉察觉到他的消沉，一夜沉默之后，在上班前给李安留下一句话："安，不要忘记你的梦想。"妻子的这句话，给李安点亮了希望之灯，他继续坚持写剧本，在好莱坞闯荡。希望也终于来临了，1990年，李安因剧本《推手》获得一笔可观奖金，影片在1992年获得金马奖多个奖项。之后他又陆续导演了《喜宴》《饮食男女》等影片，获得了柏林电影节金熊奖、西雅图电影节最佳导演等奖项，他的梦想终于实现了。

人的一生就像是一场旅行，通往成功的路并不平坦，沿途中有无数泥泞和荆棘，但也会有无数看不完的美好风景。如果你因为不断地失败而放弃了希望，失去了斗志，那你的人生轨迹也将会黯淡无光，看不到前路的方向。但如果你有能够承担失败的勇气，并具备不断尝试的精神，那么你离成功可能仅一步之遥了。

正所谓人无完人，人生在世，难免经历失败和挫折，纵观史今，每一个成功的人都经历了常人难以忍受的磨难，但正是因为他们经历了磨难，才能在绝望中窥见希望，坚定自己的意志，战胜了一切问题，从而取得了成功。对他们来说，磨难并不是坏事，反而是对他们的一种磨练，通过这种磨练，他们能够看得更远，走得更稳，真正做到让希望长存心中。

面对困难不要绝望，不要放弃，相信自己，正视逆境，只要你为理想付出努力，生活就会给予你平等的回报。任何的成功，都是从小事一点一滴积累而来，没有什么事情是做不到，关键就看你能不能坚持不放弃，困难从来都不是成功的障碍，给自己勇气，战胜它，你将看到人生最美的风景。

失败是你成功的开始

古往今来，人们的智慧皆来自于失败中的反思、挫折中的成长。以史为镜，秦始皇扫平六国经历了数不尽的挫折与失败，但秦一统天下后，秦二代既没有反思过治国之道，也没有经受过外敌内忧的政治磨难，在巨大的财富和权力侵染下，秦二世变得越发贪婪，为了贪图享受才会一味施行暴政，导致大秦帝国仅仅存在1.5年。秦始皇的暴政并没有使国家毁灭，然而在秦始皇死后，秦二世没有意识到错误，没有反思一味的暴政是否适合当前的国情，依然对人们采取压迫政策，因此才导致大秦帝国的毁灭。

可见，失败与错误并不可怕，可怕的是人们对失败没有反思，害怕挫折带来的痛苦，结果导致自己错上加错。一个真正成功的人，不在于他永远不败，而在于他能够在失败中反思，只有在挫折中吸取经验教训，才能得到成长，才能够屡败屡战，直至成功。

有一位猎户因为拥有非常高超的打猎技术而被当地村民们称为“猎王”，几十年过去了，“猎王”年岁已高，他希望能够将自己精湛的打猎技术传给自己的儿子，但让他苦恼的是，他的三个儿子打猎技术都很平庸，担不起“猎王”的名号。他总是向其他人抱怨，“我真是搞不懂，我打猎技术这么好，为什么我的儿子们却这样笨，竟然学不到一丝一毫。要知道我对他们付出了多少心血，从他们刚刚会走路开始，我就在教他们，告诉他们怎样设陷阱最容易捕到猎物，怎样埋伏最不易惊动猎物，怎样下刀能够将猎物一击毙命。这些年我辛辛苦苦总结出的打猎经验，我都毫无保留地教给了他们，让他们少走了几十年的弯路，谁知他们的打猎技术竟然还不如那些一般猎户，这真是让我太伤心了。”

一个村民好奇地问他：“这么说，你一直是手把手地教他们的吗？从来没让他们自己去打猎？”

“是的，我怕他们自己打猎会失败，我一直带着他们，我教得很仔细、很耐心，就是为了让他们能够掌握像我一样一流的捕猎技术。”

“他们一直跟随着你吗？”

“是的，为了让他们少走弯路，我一直让他们跟着我学。”

“原来如此。”村民说道，“这样说来，你犯了一个非常明显的错误，你只教给了他们捕猎的技术，却没有给他们积累经验的机会，要知道，失败所累积的经验也是一笔巨大的财富，对每个人来说，没有教训与没有经验一样，都不能使人成大器！”

“猎王”恍然大悟，从那天起，他不再要求孩子们跟着一起去打猎，也不要求儿子们用他教他们的方法，只在每天吃晚饭的时候，他仔细倾听儿子们讲述这一天的见闻，并适当给予指点。儿子们的进步是有目共睹的，很快他们的打猎技术突飞猛进，他们家成了远近闻名的猎王之家。

对我们来说，最值得骄傲的事是我们曾经在跌倒后勇敢地爬起来，要知道，正是因为不断的失败，人们才能学会反思和奋进，才能真正学到本领，变得坚强，失败的教训将成为珍贵的经验，帮助我们辨别真正通往成功的方向。

伟大的文学家雨果曾说：“尽可能少犯错误，这是人的准则，不犯错误，那是天使的梦想。”确实，人无完人，无论是伟人还是普通人，都会有犯错误的时候，但我们要正视错误，正视磨难，在不断的失败与挫折中反思自己，让自己获得成长，让自己不断进步，可以说，失败是人们成功的开始。

对于失败，有的人只是一味去掩盖、逃避，而有的人却能勇往直前去面对、去解决，当你有一颗勇于承担错误的心，并能在失败中反思自己得失的时候，你就已经把失败当成了你的垫脚石，一步一步更加接近成功了。

一时的失败并不意味着永远的失败，一时的成功也不意味着永远的成功，人生若太过顺利无波，只会削减人们的斗志，麻痹人们的思想，而挫折与失败却能激活人们越战越勇的激情，从而不断累积经验、教训和梦想，让我们更加贴近成功。

咬牙忍住，笑迎鲜花和掌声

其实很多时候，失败离成功只有一步之遥。失败的人把每次挫折、打击都当成是失败，所以才会被挫折打击得再也站不起来，而成功的人则是直面挫折、永不言败。

一位知名企业家回到自己的母校给大学生演讲，提问环节时，有个大学生向他提了个问题："您作为一个成功的企业家，能不能告诉我们一条能直接通往成功的道路，让我们少走些弯路呢？"

大企业家笑了笑，然后严肃而又认真地说："不能，成功就像登山，是不可能直接走到头的，要想成功，必须不怕挫折，直面困难才行。"

人生在世，都会有跌入谷底的时候，越是这种时候，我们越是要打起精神，心中充满希望。如果一遇到困难就一蹶不振，觉得世界就要崩塌了，那还如何谈成功呢？大家常说，心情不好喝水都会塞牙缝，其实就是这个道理，所以千万不要让自己陷在这种消极、挫败的情绪里，时刻保持开朗、积极的心情，坦然、乐观地看待人生路上的坎坷和挫折，成功就在不远处向你招手。

举世闻名的发明大王爱迪生12岁那年意外患上了严重的失聪症，几乎听不到外界的声音，面对这个灭顶的打击，爱迪生并没有感到绝望，他想外界的声音对自己并不怎么有用，现在听不到了，自己正好可以安静下来学习、做研究。于是爱迪生放下这些，专心致志学习。

爱迪生生活的那个年代，人们使用的都是戴维和法拉第发明的一种叫做“电孤灯”的电灯。这种电灯泡虽然比一般的煤油灯用起来方便，但是十分浪费材料，而且很容易坏掉，用着不是很划算。爱迪生见了，于是决定要发明一种能够耐用的光线明亮的灯泡。为此，爱迪生在实验室进行了无数次实验，试用了许多种材料，但都以失败告终了。不只这样，周围的人也开始对爱迪生冷嘲热讽，认为他根本是在做白日梦。不过爱迪生并未受这些外界因素的影响，继续做着实验，终于，在尝试了超过六千多次的实验，经历了无数次失败之后，发现了钨丝这种材料，发明了钨丝电灯泡，为全人类的光明事业做出了巨大贡献。

爱迪生的故事再次向我们证明了一个哲理：失败乃成功之母。大多数人的人生都不是一帆风顺的，难免会遇到各种挫折和困难。但是面对挫折的态度不同结果也就不同。被挫折打败，向困难低头就只能失败。而直面失败，把每一次挫折都当作挑战，在心里默默对自己说，这些失败不算什么，它们只是你成功路上的垫脚石而已。要记住，关键时刻，能扛得住压力，不让自己一蹶不振，十分重要。

成功的路上不只有鲜花和掌声，还会有挫折和嘲讽，咬牙忍住这些挫折与磨难，就能笑着迎来鲜花和掌声。

失败和成功的界限具体到底在哪？没有人知道，有可能成功就跟着失败的脚步。挫折、失败都是我们人生必经的过程，但它们绝不是终点，只要你不放弃努力，坚持下去，成功一定会到来。

第08章

低潮中调整心态，心向阳光无惧风雨

人生总是一段彼此起伏的旅途，有高潮就有低潮，但那并不是终点，也不是常态。哪怕自己身处低潮，也要保持微笑，坦然迎接人生的风雨彩虹。好的心情是一种积极的暗示，只要你能微笑，哪种低潮都不会打倒你。

不良情绪，需要及时发泄

情绪是一种奇妙的心理活动，是人对客观现实的一种特殊的反映形式。情绪有很多种，积极、良好的情绪能够成为我们工作、生活的助力，而消极的、负面的情绪则会对我们的身心健康产生破坏作用。因此，转换消极的情绪，发扬积极的情绪，做自己情绪的主人，把自身情绪提升到有益于个人进步和社会发展的高度，是十分必要的。

有这样一个传说，在古代的时候，有一个男人叫李生，他有个特别奇怪的习惯，每次当他与村民发生争执时，他并不会据理力争，反而会以最快的速度跑回家，绕着自己的房子和田地跑三圈，然后坐在田边，大口大口地喘着粗气。

李生是个勤快的人，干起活来很卖力，又有商业头脑。他每天天不亮就到山上去砍柴，然后挑到离山较远的村庄去卖，或者种一些别人不愿意种的作物，卖给商人，很快，他就靠着自己的勤劳赚到了钱。后来，李生的房子越来越大，田地也越来越广，但无论他的财产有多少，一与人发生争执，他还是不吵不闹，只是一味地绕着自己的房子和土地跑上三圈，然后大口大口地喘着粗气。家人和村民都十分好奇，但无论怎么问，李生也不愿意说自己的用意。

几十年过去了，当李生成为当地一个有名的富豪时，他已经老得要靠拐杖才能走路，这一天，因为一点小事，他又生气地绕着自己的屋子走，等他艰难地走完三圈，早已累得浑身发抖、气喘不已。李生的孙子苦苦恳求他："爷爷，您已经这么大岁数了，咱家的房子也是全村最大的了，您为什么还是绕着它走呢，您可以告诉我为什么吗？"李生禁不起孙子恳求，终于说出了隐藏在心中多年的秘密。他说："在我年轻的时候，如果我和别人吵架、争论、生气，我就绕着自己的房子和田地跑上3圈，一边跑一边想，我的房子这么小，土地这么小，我哪有时间，哪有资格去跟人家吵架呢？有生气的时间，我还不如多砍一担柴，多挑一桶水。一想到这里，我就一点都不生气了，于是就把所有时间都用来努力干活。"孙子反问道："爷爷，你现在年纪大了，而且已经变成全村最富有的人了，你完全有资格跟别人争执了，那为什么现在还要绕着自己的房子跑呢？”李生笑了几声，缓缓地说：“我现在还是会生气的，但当我生气时，如果绕着房子走三圈，边走边想，我的房子这么大，土地这么多，我又何必去跟别人计较呢？一想到这，我的气就消了。”

通过这个故事，我们知道，有理智的人完全能通过自己的意志来控制情绪，就像李生一样，当他发现自己有不良情绪时，选择通过绕着房子、田地走圈来发泄。那么当你发现有不良情绪滋生时，你应该怎么做呢？以下几个方法希望能给你一点帮助。

1.转移注意力

当你被生活的困难折磨得厌烦不已时，你可以转移自己的注意力，比如听舒缓的音乐，看些自己喜欢的电视节目，也可以窝在温暖的角落看一本自己喜欢的书。当你能够放松自己，淡化烦恼，让自己的思维畅想天际时，你也就能平静下来，心平气和地解决问题，这是控制情绪最有效的办法。

2.遇忧而自解

生活是丰富多彩的，每个人的生活经历也不尽相同，面对困境，人人都要注重自身涵养，做到不以物喜，不以已悲，遇忧而自解，逆境而超脱。对于自己不满的事情，要尽可能多包容，用乐观大度的态度去应对，这往往可以使一件原本紧张的事情变得轻松无比。

3.寻找发泄的窗口

当我们身体里充满负面情绪时，适当的发泄十分有必要。到空旷的海边、山林里大声嘶吼，疯狂地奔跑或是拼命地击打沙袋，这都是人们发泄情绪的窗口。选择用适当的方式，让自己的不良情绪得到及时的发泄，以便自己能够从大局、长远去考虑之后的事情，这才是我们正确对待情绪的态度。

现代人的生活节奏越来越快了，生活中的各种压力让我们容易产生负面情绪，如果任由这些负面情绪积压，就会演变成心理疾病。想要赶跑负面情绪，除了要保持开心乐观的心情外，也要对其有一个正确的认知。

你的恐惧是自己营造的心灵监牢

人心很容易被种种烦恼和欲望诱惑，结果往往是自己给自己带上心灵的枷锁，然后因为这样或那样的原因抹杀自己的特色，开始感到恐惧，向逆境低头，最后承认自己的失败，将自己放逐在无尽的失败感中。

英国诗人弥尔顿曾说过：“心灵有他自己的地盘，在那里可以把地狱变天堂，也可以把天堂变成地狱。”的确，如果我们不懂得克服心中的恐惧感，就有可能使心灵变成自己的监牢，把自己封禁起来。

长发公主乐佩有一头长长的金发，她自幼便住在一个偏远的高塔里，过着与世隔绝的生活，和她住在一起的老巫婆天天念叨乐佩长得很丑，她便信以为真，不敢出去见人，还将自己囚禁起来。

直到有一天，一位年轻英俊的王子从塔下经过，他被乐佩公主的美貌惊呆了，从这以后，他天天都要到这里来，陪长发公主说话。长发公主从王子的眼睛里认清了自己的美丽，同时也从王子的眼睛发现了自己的自由和未来。有一天，她终于放下头上长长的金发，让王子攀着长发爬上塔顶，把她从塔里解救出来。

故事中，囚禁长发公主的不是别人，正是她自己，老巫婆是她心里迷失自我的魔鬼，她听信了魔鬼的话，以为自己长得很丑，不愿见人，就把自己囚禁在塔里。其实，人在很多时候不就像这位长发公主吗？

仔细想想，很多时候，我们就犹如一只游动的鱼，本来可以自由自在地徜徉在深海中，但是突然有一天，我们遇到了珊瑚礁，然后自己就不愿再动弹了，并且呐喊着说自己已经陷入绝境了。想想这有些可笑吧！自己给自己营造了心灵的监牢，然后钻进去，坐以待毙。那么，我们要如何克服内心的恐惧情绪呢？

1.勇于面对未知的事物

为什么会感到恐惧？因为人们对未知事物的不了解，容易产生紧张不安的情绪，说到底，还是因为我们自身知识的局限性。这就需要我们不断地开拓视野，了解未知的事物，正所谓“活到老学到老”，你学得越多，了解得越多，就会明白所谓的“未知的恐惧”都是因为自身的局限性。

2.让自己变得更强大

自古以来，弱小诚服于强大，强大就有足够的力量，克服恐惧上这一点也十分重要。你会感到恐惧是因为你从心底察觉到了自己的弱小，也许表面上你还并未发觉，或者不敢、不屑于承认，但不可否认，强大的人比弱小的人会更有安全感，面对恐惧的事物也会更勇敢一些。

3.转移注意力

恐惧的时候精神容易集中，并且神经变得紧张，产生不安和惶恐的情绪，这个时候不妨试着转移一下注意力。如果有条件的话，可以试着看看电影电视剧，记得要选择轻松爆笑一类的，也可以听听音乐，选择自己喜欢的歌手，听舒缓的调子，想象一下你心底的那个人正在对着你微笑。当然，也可以选择看一下窗外的风景，研究一朵花的飘落，如果这些都无法做到的话，盯着一面墙，想象一下它的历史，从最初的砖块到现在洁白的墙面……总之，就是不理会令你恐惧的事物，分散注意力。

4.预想最坏的结果，估算自己的承受范围

一般而言，会感到恐惧，追根究底，是因为我们害怕承受未知事物给我们带来的后果。如果我们能预想到未知事物给我们带来的最坏结果，并且估算出自己的承受范围，再想一想，其实也没有那么恐惧了对不对？

5.性格变得更开朗一些

有句话叫做“江山易改本性难移”，改变性格是一件比较为难的事，这里并非叫你扭曲自己的性格，一蹴而就，而是在原本的性格基础上稍微开朗一点，试着接纳和自己有着志趣相投的朋友，那时你会发现你们有聊不完的话题。总之，朋友会让人变得乐观向上，减少恐惧情绪的滋生。

人的一生的确充满许多坎坷、许多迷惘、许多无奈，稍不留神，我们就会被自己营造的心灵的监牢所监禁。而心牢，是残害我们心灵的极大杀手，既然心牢是自己营造的，我们就有冲出心牢的能力。那么，就让我们自己动手，克服内心的恐惧，拆除心灵的监牢，挣脱心灵的枷锁，还自己以亮丽的心灵吧！

坦然心境，选择比改变重要

有位哲人曾经说过：如果你不能做天上的太阳，那么你可以做一颗星星，但要是天空中最耀眼的一颗。造物主是吝啬的，不会给全部你想要的，但给你的也不会都是你不想要的。正如一句时尚的话语所说：每个人都是被上帝咬掉一口的苹果。没有人是十全十美的，是人都会有缺憾。但是这并不能成为我们消沉的理由，就像每日的天气，是晴是雨我们无法选择，但是我们可以选择面对它们时的心情。

有个老奶奶生了两个儿子，两个儿子长大后，一个做卖草鞋的生意，一个做卖雨伞的生意。大家都很羡慕老奶奶，说她的两个孩子都有出息。日子一天天过去，大家却发现老奶奶变得越来越忧郁了，不管天晴还是下雨都愁眉苦脸的，大家很不解，于是让住在老奶奶隔壁的大婶去问个究竟。

“大妈，您的两个儿子都这么出息，您为什么每天还这么忧愁啊？”大娘忍不住好奇地问。

“你不知道，我的大儿子是卖草鞋的，只有天晴的时候草鞋才能卖出去，所以一到下雨天我就发愁。可是我的小儿子是卖雨伞的，只有下雨天才能卖出去，所以一到天晴，我又开始为他发愁了……”老奶奶道出了原委。

“大妈，这就是你的问题啦，天气是我们没法控制的，但是我们可以选用一个好心情来面对嘛，这件事情，换个角度想，就是天好的时候，卖草鞋的儿子有的赚了，下雨的时候，卖雨伞的儿子有的赚了，这样你就不会不高兴啦。”老奶奶一听的确是这样，从那以后，每天都乐呵呵的，再也不忧愁了。

许多事情都是这样，有我们可以选择的，也有我们没法选的。就像故事中的老奶奶，如果她固执地只看她不能选择的天气，那么不管是天晴还是下雨，她都有一个儿子没有钱赚。但是如果我们可以转换心情，往好的方面想，那么不管是天晴还是下雨，她的儿子都有钱赚。

从前有个国王有两个儿子，大皇子整天愁眉苦脸，小皇子则每天都开开心心、没有忧愁的样子，国王不解，有大臣建议，试探一下方可知答案。于是国王把大皇子送到了全是玩具的房间里，把小皇子则送进了满是牛粪的房间里。

到了下午，国王过去探望，结果大皇子坐在玩具中间哇哇大哭，国王问他："周围全是玩具，为什么还是不开心呢？"大皇子抽抽噎噎地说："玩具太多，我不知道要玩哪一个。"国王又来到小皇子的房间，结果小皇子正哼着歌，在兴奋地铲牛粪。国王问他："牛粪这么脏，你为什么玩得这么开心呢？"小皇子笑着回答说："父王让我来这一定是在这藏了不少玩具吧，我要把它们找出来！"

人的一生不可能背负起他所遇到的一切，也不可能得到他所想要的一切。但是除了那些你无法改变的，还有很多事，你是有自主的选择权的，比如心情，比如你面对事情时的态度……而这些往往才是决定结果的关键。

是的，你不能选择生命的长度，但你可以选择生命的宽度；你不能选择自己的面容，但你可以选择笑容；你不能选择天气，但你可以选择心情……

这个世上，我们不能选择的事情太多了，这也是我们每个人的人生中最身不由己的部分，但它们并不能左右我们的生活。想过什么样的生活，关键还在于自己的心态，如果你是一个消极的人，那么这部分不如意就会在人生中无限放大，最终让你的人生也不舒坦。但是如果你是一个积极乐观的人，那么这些不如意就算不上什么，它们就只是让你更热爱生活的调剂品。

乐观让人生焕发光彩

乐观是指我们面对问题时积极的心态，它有助于调节我们面对问题时的挫败心理，弱化我们面对困难时的挫败感。著名的思想家爱因斯坦曾说过：“真正的快乐是对生活的乐观，对工作的愉快，对事业的兴奋。”可见能否用乐观的心面对生活，对一个人是否感到真正的快乐有多么重要。

面对生活，人人都会有烦恼，但并不是所有人都不快乐。快乐也不完全取决于财富，有的人很有钱，却终日不见其笑容；有的人只有很少的钱，却比任何人都开心。其实真正的快乐是有一颗乐观的心，一颗面对打击，可以乐观着说没什么的心；一颗面对失败、可以乐观地爬起来重新再来的心；一颗面对挫折，仍能乐观地笑着继续努力的心。

如果一个人没有品过苦，就难以知道甜的滋味。面对生活中的挫折和苦难，勇敢一些、乐观一些、坚定一些，时时保持着一种乐观的心态，因为只有做一个乐观者，人生才会散发光彩。

面对生活，我们需要乐观的心，但是所谓乐观并不是盲目的，就像自信一样，盲目自信就会变成自负，盲目乐观也是不可取的。

心胸开阔，避开忧郁的泥沼

人的面部有44块肌肉，还有很多血管和神经。就是这些肌肉和神经，在牵拉、调整和扭动之下，能够做出五千多种表情。你没看错，人的表情就是这么丰富。在诸多表情之中，笑容无疑是最美的。在生活中，走在人流不息的大街上，迎面看到某个人，他也许正在微笑。也许笑容并不是针对素不相识的你，但是你看了心里却觉得非常舒服。反之，迎面向你走来一个人，他面色严肃，一本正经，你瞬间也会变得紧张起来，不知道自己即将面对怎样的局面。最糟糕的情况是，你看到的人落落寡欢，愁眉紧锁。你甚至怀疑你是不是借了他的钱，忘记还了……这就是神情的魔力。这种魔力不仅仅针对他人，也针对我们自身。每天晨起，你对着镜子里的自己微笑，你的一天都会心情愉悦。反之，你从镜子里看到自己忧伤的面庞，如何能充满精力地开始一天的生活呢？为了避免陷入忧郁的泥沼，我们首先应该调整自己的表情。很多时候，即使你是强颜欢笑，但是笑着笑着，你会惊讶地发现，你的心情也跟着莫名其妙地好了起来。

忧郁是会传染的，不但会传染给别人，也会传染给我们自己。也许你只是因为中午的快餐不太可口而生气，但是，你却发现自己下午的工作也受到了影响。没有好情绪，就没有愉悦的心情，郁郁寡欢的你似乎连智商都降低了，甚至还会一不小心在工作上出现纰漏，岂不是因小失大吗？生活总是难以处处如意，要想让自己摆脱忧郁的泥沼，除了强颜欢笑之外，还要放开心胸。如果心眼只有针尖大小，那么即使是一粒小芝麻，也会将其堵死。如果心眼很宽，宰相肚里能撑船，那么就会觉得天大地大，人生之中除了生死，根本没有什么事情是真正值得计较的。如此一来，想忧郁都很难哦！

我们的心总是那么敏感，很容易就会受到外界事物的影响。只有把内心锻炼得更加强大和淡定，我们才能有效避免陷入忧郁的情绪泥沼，也才能让事情朝着积极的方向发展。

忧郁的情绪对我们的心情和日常生活影响很大，它会在不知不觉之间让我们变得消沉绝望，情绪低落。要想避免忧郁，首先要让自己心胸开阔。生活中没有什么事情是迈不过去的坎，只要心态好，一切都会过去。

避开忧郁的泥沼，最笨也最直接的方法就是强颜欢笑。人们都说假戏真做，强颜欢笑之后，你会发现自己的心情也莫名其妙地变好了。心烦的时候可以做一些自己感兴趣的、让自己开心的事情，转移注意力，排解忧郁的情绪。

第09章

低潮中善待自己，做取悦自己的王者

生活于世，我们总会面临着诸多压力，关于学业、工作、生活，每天都为了一日三餐而奔波劳累着，晚上回到家还得担心明天的生活。压力很大，但依然要活着，与其被压力压倒，不如用自己的方式取悦自己。

生活本不易，学会自得其乐

现代人总觉得自己活得很累，虽然他们衣食无忧，生活富足，但每一天都疲惫地奔波在城市的钢筋水泥中。他们要创造业绩取悦老板，要赔着笑脸取悦客户，还要报喜不报忧的去取悦家人，但他们独独忘了要取悦自己。其实，人这一生既短暂又匆忙，每天都有数不尽的事情需要我们去做，数不尽的人等着我们去取悦。然而，无论我们做得是好是差，我们不能总是活在别人的评价里，更何况，有时候别人说的不一定是正确的。

我们做了很多让别人高兴的事，却忘记为自己做一件开心的事，这不能不说是一种悲哀。我们要坚持自己的思想，适时地肯定自己，取悦自己，生活本就是不易，就不要再被其他人或事务左右，别忘了，用自己的方式取悦自己。

以自己的方式取悦自己，在繁忙的工作中留出健身、晨跑的锻炼时间，健康又充满活力的身体，是我们取悦自己最大的礼物。

以自己的方式取悦自己，抽出时间读书、品茶、丰富自己的经历，日积月累的素养会沉淀成我们睿智的思想，也为我们的生活填满色彩。

世间万物皆有两面，爱自己也有两面，当我们取悦自己的时候，也是在取悦世界，不过，只是先由爱自己，自然从内在生发出爱世界，而由爱世界，自然滋润心灵而更加爱自己。

人生活在世界上，并不只是为了取悦这个世界，而是为了用我们自己的方式取悦自己。真正的智者，是勇于做自己的人，他们坚持自己的个性，坚持为自己带来愉悦，不然，即使是我们自己的影子也会离我们而去。

自我鼓励，点燃心中的希望之火

鼓励是一种力量，尤其是来自于自身的鼓励，更是一种巨大的力量，它能点燃人们心中的希望之火，滋润着希望的幼苗茁壮成长，激励着人们向成功的终点前进。

没有人希望自己终日生活在他人的批评中，然而可能我们自身确实具有一些令人不甚满意的缺点和不足，这才给了别人怀疑我们能力的理由，导致我们的心灵常常陷入一种无助和自卑的境地。若此时，能给自己一句平常但真挚的鼓励，这无疑对自己是一个莫大的激励。

我和小周是从小一起长大的朋友，大学毕业那年，他回到家乡探望父母，但家乡的人接受不了他新潮的样子，纷纷在他背后指指点点，“你看看他穿的是什么衣服，都是破洞，你看老周家花那么多钱让他上学有什么用，真是全都浪费了。”

小周从村中走过，总有几个调皮的小孩跟在他身后，好奇中又透露出一股轻蔑，喊一句“臭流氓”，然后欢呼着分散开去。

小周从来不理睬这些非议，我知道他从小就喜欢画画，每天早上他早早起床复习功课，晚上完成作业后就安静地在屋子里画画。填高考志愿时，家里人都希望小周能报考一家经济学院，毕业后当一名会计，找一份安稳的工作，踏踏实实地生活，然而倔强的小周却坚持了自己的意愿，选择了一所美术院校。

毕业后小周没有回家，在生活的城市做了一名彩绘师，当时家里的人都极力反对，所有的亲戚都轮番给他打电话，劝他打消创业的念头，可小周还是坚持了下来。

我曾问他，你就这么自信自己能创业成功吗?

小周并没有正面回答我，他说在这次创业之前，他已经积累了相当的工作经验和经营教训，无论是打工还是自己做老板，无论是成功还是失败，这都是属于他的一种财富。最后他说:“不是所有人都有能力做出一番大事业，但是小人物也有追求的权利，乔布斯也说过，‘时间是有限的，所以不要为别人而活，不要让别人的意见左右自己内心真正的声音’，这几年，这句话一直鼓励着我，直到今天。”

去年春节，小周依旧回家探亲，此时他已经是三家彩绘店的老板了，在行业里也小有名气，这一次，村里再也没有人对他指指点点的了。

当我们能像小周一样坚信自己能做成某件事情时，我们无意间就给自己下了一道不容置疑的指令，有什么样的信念就会有什么样的力量，希望以下几个自我鼓励的方法能够帮助你走向成功。

1.心理高度：大声地告诉自己“我能行”

有些人有很高的志向，但却从来不敢去追求，其实不是他们没有追求成功的能力，只是他们在心里为自己设置了一个高度。这道限制成了禁锢我们发展的枷锁，我们常常会暗示自己：这太难了，我无法改变现状，我做不到。这个“心理高度”是人们无法取得伟大成就的根本原因，因此不要给自己设置任何界限，充分挖掘自己的能力，每天都要大声地鼓励自己，我能行！我一定可以实现我的理想。

2.理性思考：直面人生并不断改变

人生充满了机遇与坎坷，理智的人在面对困境时从不逃避，而是勇敢面对并积极做出改变。鼓励自己勇于面对现实也是一种方法，即使我们无法解决当前的难题，但正确对待困境也会给予我们莫大的勇气，只需要寻求一些必要的帮助，对困境做必要的评价，就能帮助我们找到正确解决问题的方法。

3.改变思维方式：成功源于我们自身

人与人的差别，很大程度上在于我们的思维方式上，生活中有一大部分人思想十分极端，从而给自己制造了极大的压力，导致最后殊途同归。其实换个思维方式我们会发现，成功的根本在我们自己身上，挖掘自己的能力，给自己足够的信心，就一定能够干成一番成功的事业。

生活因为鼓励而精彩，因为鼓励而幸福，而鼓励并不是不切实际的怂恿。鼓励的作用无法估量，越王勾践兵败之后，也曾心灰意冷，但经过一番自我鼓励之后，他又振作起来，卧薪尝胆，发愤图强，最终灭了吴国，成为一方霸主。鼓励的力量，在我们陷于困境时最易显现，它能给努力者自信，给犹豫者决心，给失意者希望，帮助我们渡过难关，坚定地走向既定的目标。

面对未来，人人都会有些胆怯，而那一句句鼓励，让我们重新找回了自己。鼓励是我们前行的动力，有了鼓励我们就有了坚持下去的信心，有勇气面对未来的种种挑战，而那最后的胜利就属于我们。

没有危机感是最大的危机

在心理学上，认为危机意识将给人一种“要么改变、要么冒险”的暗示，很多时候，危机意识会让人得到极大的爆发，使人的勇气激增到无所畏惧的地步，充分诠释了“置之死地而后生”的意义。

在自然界，每天早晨，羚羊睁开眼睛想的第一件事就是：

“我一定要比狮子跑得快，否则我就会被狮子抓住吃掉！”狮子也在想：“我一定要追上跑得最慢的羚羊，否则我就没有猎物，会被饿死！”这在人类社会中就演变为“适者生存、物竞天择”的真理，有人讲过这样一个故事：两个运动员在森林里行走时遇上了一只老虎，其中一个人急忙穿上跑鞋，另一个人则讽刺说：“你穿跑鞋也没用！”他回答说：“你以为我穿上跑鞋是与老虎赛跑吗？我只要跑过你就可以了！”自然界不同情弱者，人类社会也不相信眼泪，危机意识就是那双运动鞋，它能帮助我们与身边的人赛跑、竞争，从而取得胜利，获得生存。

我们也要向那些成功的企业家学习，时刻保有危机意识，使自己始终处于积极进取的状态，要知道，危机与机会总是一并出现，机会的背面就是风险。因此，正如哈佛商学院教授理查德·帕斯卡尔所说的那句名言：“21世纪，没有危机感是最大的危机。”

没有危机感的人，将会面对更大的危机，要想取得成功，就要不断做好准备，化危机为转机。新时代时刻充满了机会，如果我们没有危机意识，只顾得享受，没有奋发努力，那迟早会被人淘汰，跌入人生的谷底。

做好断舍离，轻装上阵

随着生活的发展，社会的进步，我们的居住空间一步步地扩大，我们的视野也越来越开阔，但是我们的压迫感、紧张感并没有随着房子平方数的变大而减小，反而是越来越大了。一天天变化的人，一天天变化的社会环境，让我们感到措手不及。我们渴望轻松与快乐，却怎么也找不到通往快乐的通道，反而在这过程中，心情变得越来越沉重了。

生活中，觉得被自己的生活压得喘不过气的人越来越多，一个很重要的原因就是因为他们被生命不堪承受之重所累，因为他们被占有名包、名车、豪宅这些物质财富的欲望压制得疲惫不堪。的确，幸福一定程度是建立在物质的基础上，但并不是有了物质就会拥有幸福与快乐的。美国心理学家戴维·迈尔斯和埃德·迪纳已经证明，物质财富是一种很差的衡量快乐的标准，人们并没有随着社会财富的增加而变得更加快乐。

每个人都有各自的人生轨迹，我们不必羡慕别人，明白自己想要的，做好自己就好了。一味地羡慕别人，把不属于自己的东西强揽在身上，除了增加自己的负担，还会让你本身拥有的幸福感一点点被消耗干净。卸掉生命中不属于自己的那些包袱吧，轻装上阵，你会活得更快乐、更幸福。

人生就是一段不断前进的路途，强留路途上任何一个不属于自己的东西都是在往自己的行囊里增加不必要的负担，都是在消耗自己的能量。这些你不能承受之重你完全可以卸下的，如果能让前进的步履更轻松，何不卸下它们，往前多走几步，去追求属于自己的美好呢？

把压力转化成积极的力量

现代社会，几乎每个人都承受着巨大的压力，生活节奏越来越快，甚至连坐下来吃顿早餐的时间都没有，工作压力也越来越大，似乎每天都在面临被裁员的厄运。在这样的情况下，每个人都如同逆水而上的鱼儿，如果不努力，就会被湍急的水流带到下游去，也如同逆水行舟，不进则退。也因为巨大的压力，很多人身心憔悴，都处于亚健康状态，导致身体出现异样。其实，我们虽然要承受压力，但是不要把压力看得过于严重，而应该将其作为生活的一种常态，这样才能与压力和谐共存，也才能把压力转化为动力，让我们的人生加足马力，稳步前进。

在严寒的冬天里，很多花花草草都枯萎了，反而腊梅顶风傲雪盛开着。在悬崖峭壁上，松柏也能在绝境之中生根，让自己傲然挺立于悬崖峭壁之上。这就是生命的力量。其实现代人并非无法承受那么大的压力，而是因为没有很好地把压力转化为动力，所以才会心力交瘁，倍感折磨。倘若我们能够以坦然的心境面对压力，也能够把压力转化为督促我们进步的源源不断的动力，那么我们的人生必然会焕然一新，甚至创造出生命的奇迹。

常言道，人无压力轻飘飘，这句话乍听起来也许是人们用来安慰自己的借口，但是实际上也确实如此。倘若一艘空船在海上行驶，那么当遇到风暴时，一定会左右摇晃，甚至有倾覆的危险。在这种情况下如果给船舱里加入一些货物，哪怕是海水，也能够增加船体本身的重量，使其在风浪之中保持平稳。人也是如此，倘若我们感到自己的人生轻飘无力，也没有动力奋进，不如就给自己增加压力，然后再把压力转化成积极的力量，从而帮助我们获得更加平稳上进的人生。

人是有无限潜能的，压力恰恰能够激发我们的潜能，让我们在面对灾难和苦难时，迸发出无穷的力量。只要我们恰到好处地平衡压力，把压力转化为人生的动力，我们就不会被压力压垮，而是能够在压力的督促和促进下，更加勇敢地面对未来，迎接命运的挑战。

第 10 章

低潮中坚持学习，沉下心才会飞得高

从学校毕业步入社会，似乎意味着我们短暂地告别了学生生涯。然而并不是这样，真正进入社会，学习才刚刚开始，我们需要学的东西有很多，不管何时，学习依然是我们最佳的努力方式，充实自我，才能让自己更优秀。

持之以恒，把学习当成一种兴趣

人们常说，生命有限而学海无边，我们的人生完全取决于我们不断学习到的东西，多一点知识、多一点能力，我们就会多一个生存技能，为自己开创一片全新的空间。然而并不是所有的事物都能让人提起兴致去学习，如果你希望能够有更多的能力去开创这个世界，就不要给自己设置限制，即使是不喜欢的事，只要我们多多学习，加深了解，最后都会把它变成一种新的兴趣。

1.学习的时间要适度

我们需要根据自己的情况来调整学习计划，找到适合自己学习的时间。如果你之前从没有连续学习2个小时，那就不要给自己制定学习2小时的计划，你可以选择早饭前、午饭后的时间，把学习的时间拆分成10分钟或15分钟，这样短而多次的学习时间能帮助我们坚持下去。

2.把学习放在首要位置

我们要把学习放在首要位置，我们可以每天提早起床10分钟用来学习，把它作为一天中最重要的事情，充分利用一天中最好的时间来完成自己的学习计划，从而取得良好的学习效果。

3.充分利用时间学习

远离学生时代后，你会发现自己很忙，每天都有工作、生活的事情要处理，无法拿出大段的时间来学习，这就需要我们充分利用自己的零散时间，比如工作间隙、上下班交通时间等，积少成多，也可以帮助我们完成学习计划。

“海不辞水，故能成其大；山不辞土，故能成其高。”当学习成为一种习惯时，人们就不会因为工作和生活的繁忙而忘记学习，不会因为身处逆境而放弃学习，乐于学习的习惯将帮助我们提高自身的追求和品格。

优势效应，最大限度发挥自我价值

每个人都有不同于他人的优势，而成功往往会光顾那些能够找到自身优势并发挥它的人，这告诉我们，做人做事都要善于发现自己的优势，并坚定地去培养强化它，因为只有它才能在困境中带领我们走向成功。

某外贸公司新招聘了两位年轻翻译，一位是法语翻译，另一位是英语翻译，这两人都是毕业于名牌大学，论学识、论能力均不分伯仲，可以说，未来外贸部的经理人选一定是从这二人中产生。

对此，二人心知肚明，因此在工作上暗暗较劲，每年完成的业绩都不分上下。由于公司主要是由法国人投资，因此法文翻译经常会出席一些高层会议，一时间获得了很多高层领导的肯定。见此情形，英文翻译有些心慌，他认为照此下去，他肯定会处于劣势，失去很好的晋升机会。于是，他决定凭着大学时选修过法语的基础，暗暗学习法语，准备超越对手。

为了不让别人知道，他学法语是在暗中进行的，他几乎把业余时间都花在了学习上。几年过去了，他拥有了一张法语等级证书，他开始尝试着与法商进行会话，帮助营销员处理一些法文的翻译任务。

同事们对他掌握两门语言十分佩服，他自己也有一种成就感。但就在他自我感觉良好的时候，他翻译澳大利亚商人的贸易合同时关键词汇失误，给公司造成10万美元的损失。虽然事后公司通过谈判，挽回了部分损失，但公司董事长为此十分震怒。

他也十分内疚，但实在想不明白，为什么会误译一个并不生僻的单词。

反省再三，他醒悟过来，这些年忙学法语，早已疏于对英语词汇的充实和温习，错误的发生其实是不可避免的。

他在自己的专业上败下阵来，而且他的法语即使苦学几载，也无法达到对手的水平，思及此，他后悔不已。

每个人的身上都有尚未苏醒的潜能，同时也有没能发挥出来的优势，千万不要像那个英文翻译一样，因为一时的不足和劣势，就彻底放弃自己的优势。我们最应该做的不是让自己变得完美无缺，而是要弄清对自己来说什么才是最重要的，同时将自己的才能最大限度地发挥出来。

人生是充满因果关系的，有时我们自身的劣势会给我们提醒，而优势却又让我们放松了警惕，比如天空突然飘来一朵乌云，三个同行的人有各自不同的应对，有人拿出了雨伞，有人拿出了拐杖，还有一人什么也没有准备。等到了终点却发现，带伞的人淋湿了全身，带拐杖的人扭伤了脚，还全身是伤，只有什么也没带的人安然无恙地前来，并且没有被淋湿。问到原因，原来有伞的人没有找地方避雨，继续在雨中行走，因此衣服就淋湿了；有拐杖的人因为不害怕泥泞和坎坷的道路而在雨中前行，不想却数次被泥泞的道路滑倒了；什么也没带的人，因为没有伞，所以下雨的时候就找地方避雨了，等雨完全停下来了才继续行走，所以没有被雨淋湿，因为没有拐杖，所以不敢走坎坷泥泞的道路，专门找好走的地方走，所以就没有摔倒，因此很多时候正是我们具有的优势害了自己。

有一句俗话说“淹死的都是会水的”正是说的这个道理。一个不会游泳的人，是不会到大海里游泳的，敢于到大海中搏击的人都是游泳好手。而也正是那些游泳好手，常常被汹涌的海浪所吞没。所以，当我们具有某种优势的时候，切不可忘乎所以。当我们存在明显的缺陷的时候，也不可自弃自馁。因为，优势和缺陷是相互转化的，优势有时变成了累赘，成了失败的诱因；而缺陷有时变成了优势，变成了成功的动力。

每个人都是渴望获得成功的，而那些成功者并不是那些十全十美、样样全能的人，更多的时候，是他们找到了自己独特的优势，并有效地发挥它，把它转化为自己成功的支点。每个人都有自己独特的优势，“思考型”的人思维跳跃，想法新奇；“能力型”的人做事果断，不拖泥带水；“团结型”的人能够协调各方，调动资源……我们每个人都像一根杠杆，能够撬动地球，全看我们是否能够找到最适合的那个支点，即发现我们自身的优势。

一个人想击败对手，往往会忘了自己的优势，却沿着对手的思路进行思考，照搬照抄别人的做法。但是，一个走“抄袭”道路的人是根本无法进入别人最为熟悉也最有优势的领域的。人生也是如此，不论你境况如何，你都不会一无是处。譬如诚实、自信、坚强，或者一项技能，你只要拥有其中的一项，并且让它很优秀，它就会成为你一生的资本。

修炼自己的能力，提升竞争力

在如今这个科技迅猛发展的社会中，各种知识更新换代速度极快，如果你还抱着“一个文凭过一生”的想法，那么很快你就会落伍，被新时代所抛弃。因此，无论在何时何地，每一个现代人都不要忘记给自己充电，尤其是在竞争激烈的职场中，必须随时充实自己，修炼自己的能力，否则将难以生存下去。

有两个大学生应聘成为某软件公司的程序员，一个叫小林，数学专业毕业，另一个叫小建，计算机专业毕业。由于小建的专业对口，一开始工作得很顺利，所以他常常觉得自己很有优势，于是就很少再继续深造。除了领导交代的工作，他再没做过和行业有关的事情，大把精力都投入到吃喝玩乐的享受中去了，久而久之，对于更深层次的软件开发研究，他丝毫没有涉猎，一段时间以后，他仍是个普通的程序员。

小林来到公司后，虽然专业并不对口，但是他敢于从头开始，他利用闲余时间狂补软件开发知识，从最基本的键盘操作到软件制作，他一步步地学习，积累自己的知识与资源。为了弥补自己的不足，他常常早到晚走，加班加点研究问题。后来，虽然他的能力已经能够独立完成工作了，但仍不满足，利用业务时间参加行业培训，为自己充电，渐渐地他成了一个行家，最终成了公司的软件分析师。

表面看来，科班出身的小建，比半路入行的小林起点高很多，但由于他的不重视，导致自己工作平平，而作为门外汉的小林，靠着自己的勤奋、刻苦，最终担当了重任。由此可见，我们应该不断地给自己充电，才能有所成就。

时刻充电，保持学习的激情，这将为我们之后的工作、生活打下坚实的基础。你毕业于哪所学校，学习哪种专业，这已经不再重要，你希望在什么样的单位工作才是你需要考虑的问题。为了实现我们对工作的抱负，我们需要随时充电。

如果你是一个刚离开校园的学生，还处于积累工作经验的阶段，那么你可以选择一些能迅速提高能力的充电培训班，既学习到专业的知识，还增加了求职的筹码。若你希望能够在某一个行业做出一些成绩，那么还是选择一些专业的充电方式，如读博士、MBA课程等，如果你由于缺乏专业背景和正规培训，在工作当中没有自信，那就应该选择一个与职业相关的专业，赶紧补补课，尽快提升自己的能力，使自己在职场中更有竞争力。

这是一个信息爆炸的时代，知识的保鲜期越来越短，面对市场的搏击，对每个人的知识要求也变得越来越苛刻。要想生存下去，就要学会“充电”，只有不断充电，才能提高在职场中的竞争力，才能在竞争中成为一位不败将军。

充分发挥自己的潜能

在生活中，有能力的人容易取得不俗的成绩，但并不是所有有才能的人都能成就自己的事业，如果不能发掘自己的潜能，才华没有得到展现，那么自然无法获得相应的成就。古人说，“不到高山，不知平地”，如果不经过失败，就不会知道成功的艰辛，与其哀叹自己命运不济，不如充分发挥自己的潜能，使理想付诸实现。

挖掘潜能如挖井，挖掘的过程不会一帆风顺，也许是直线，也许是曲线，也许我们与潜能只相差一步，只有那些坚信自己潜能的人，才能挖到水源。一个在困难面前唉声叹气的人，是很难成就大事的。如果在看到困难时积极寻找方法，寻求解决的出路，而不是一味怨天尤人，裹足不前，那么久有可能出现“山重水复疑无路，柳暗花明又一村”的奇迹。一个真正有自信力的人，也是最能发掘自身潜能的人，遇事不愁、不恼、不怒，相反的是多思、多想、多干，平素的潜能必然及时给予回报。

致远自幼便表现出过人的智商，每次考试总是名列前茅，他读高中时，有位老师曾对他寄予厚望说：“以你的成绩及读书的天分，你大可以转到任何一所名校就读，那将来你考进全国最高学府的机会就更大。”致远听了，马上摇头，然后说：“老师抬爱了，名校不是我这种水平的人读得上的。”老师觉得十分可惜。

几年后，致远参加了美国大学的入学考试，成绩出来后致远简直不敢相信，他的成绩非常好，足以申请美国顶级学府。但致远始终坚信是凑巧，他还是认为自己的能力不足以上名校，最终他选择了去一家三流的学校学习。

大学毕业后，他的同学都进了大公司工作，因为他们希望有较大的发展。可是致远却选了一家小规模的公司，他的理由是：“人少的公司学习的机会多些，竞争也没有那么激烈。”

可是世事的安排却似乎与致远作对，他服务的那家小公司因为业绩不断进步，进行了一连串扩张，致远凭着出色的工作业绩，职位也不断升高。然而致远却并不开心，每一次晋升，致远总会有些莫名的恐惧，他总是说“我哪里有能力担任这个职位呢？”

由于致远对自己的潜能毫无认识，因此他对自己的能力一点信心也没有。他变得越来越紧张，而随着这种情绪而来的是他的工作表现显著地退步，他犯错的次数也日益增加，他不能处理分内的工作，最后他的精神终于崩溃了。

后来致远不得不在疗养院中痴痴呆呆地过日子，若是有人在他面前轻声说一声“工作”两字，就可以把他吓得半死，看来他至少还需要恢复好长一段时间。

现实生活中，有很多像致远一样的人，他们不了解也不接受自己的潜能，因而给自己的人生设置了许多限制。如果他们能够充分了解并发掘自己的潜能，那么完全能够将自己推上一个又一个的人生巅峰。

一般来说，人脑的学习潜力只发挥了不到10%，而90%以上的都被浪费掉了，如何开发这部分的学习潜力呢？

1.学会自我分析，反思自己

如果我们想要开发自己的学习潜力，那就必须要先分析、认识到自我的学习潜力，充分挖掘自身的优点，反思自己的不足，才能及时改进缺点，正确发挥自己的优势。

2.学会自我暗示法

暗示能帮助我们激发自己在工作和学习上的潜能，帮助我们提高工作和学习效率，当我们在进行自我暗示时应保持自身的情绪稳定，这样才能在潜意识中产生强烈的印象。

3.学会适当加压

俗话说，有压力才有动力，适当的压力能有利于我们自己的不断进取，从而帮助我们不断地向着更高的目标奋进。

4.人际关系和谐促进学习潜能发挥

人际关系处理得和谐圆满，能使人心情愉快轻松，能极大地促进学习潜能的发挥。

挖掘潜力前你每天要问自己这样几个问题：

（1）我自信吗？我的能力和信心会不会受到别人的影响？如果我的身边有能力比我强，成就比我大的人，我会不会感到挫败？如果我身边的人都在抱怨世事的不公，我是否能够依然清醒的面对自己，是否还能知道我每天应该做什么？

（2）我敢于直面困境吗？当我跌落到人生的谷底，我是否还能有勇气再站起来？

（3）我真的专注吗？当我制定了目标，我就一定能够不受别人影响而坚定地走下去吗？

（4）我存在的意义是为了什么？是为了活着而活着，还是为了开创更美好的现实？为了实现我自己的人生价值，我能不能充分挖掘自己的潜力？

潜能是自在的，聪明人一定是使“自在”变成“自为”的人。成功者，往往是那些善于挖掘潜能的人。基于平日的学习、观察、积累，逐渐形成一种潜在力量，在急需时，它将会迸发出智慧与力量的火花。

潜能，有精神的，有物质的；有内在的，也有外在的。充分调动潜能，将发挥出超常的能量，帮助我们战胜一切困难与问题。但挖掘潜能不能只靠祈祷，而要依靠我们一次一次的实践与努力，因为大家都懂，天上是不会掉馅饼的。

培养爱好，经营出生活的乐趣

中国现代哲学家、哲学史家张岱年曾经说过这样一段话：“养生之道并非高深莫测，无非在为人处世方面，要看透事物，不要去自寻烦恼；须知，福德即在我身，何须外求？因而要以德邀福，以善却凶。另外，热爱生命者要接受生活，所以要注意培养兴趣和爱好，时常做一些能使自己身体放松，心态平静的事情，如听音乐、练书法、看书、静坐、散步、练太极拳、到大自然中去欣赏清风明月，绿水青山……如果说有养生秘笈，我所公开的这些秘笈，人人都可以做到，问题就看你去不去做……”是的，培养一些兴趣爱好对一个人的身心健康有着很重要的作用。正如现在，很多人在这个物欲纵流的社会里迷失了自己，感到压抑、空虚、迷茫，倘若多多培养一些兴趣爱好，比如健身、旅游、读书等，在一些闲暇的时间或烦闷迷茫的时候，这些都会充实你的生活，此外对于提高人的生活质量、不断修整人生的方向也有着很大的作用。

小艾是某公司的一位设计师，有一个体贴的老公、一个可爱的儿子，周围的人总是说，“小艾，你每天看起来好快乐”“小艾，你过得真幸福，真羡慕你”。说实话，小艾也对自己的生活很满意，不过她知道这一切都是兴趣爱好带来的。

小艾的兴趣比较广泛，只要是一切美的事物，她都喜欢。小艾有几项固定的兴趣爱好，比如：画画、看书、做瑜伽、听音乐、唱歌……生活几近枯燥乏味，小艾就通过自己的这些兴趣爱好陶醉在自己的境界里，充实自己的生活，而这也是她快乐的动力。不过，生活对小艾也不总是“微笑”的，她的工作、家庭中难免会发生不愉快的事情，此时小艾依然会用自己的喜好来调整自己，比如，组织几个姐妹去健身房锻炼，在运动中释放自己的压力，让烦闷随汗液一起排泄出来。

其实兴趣爱好对于小艾来说不仅可以调整身心，还能让她的生活品位和修养得到很大的提升，小艾能够从不同的娱乐中总结出生活的智慧，发现生活的新天地。因此，小艾的工作灵感一次次迸发，多次得到了经理的表扬，赢得了老公的万般宠爱。

朋友们，不要抱怨你的生活多么的枯燥和无聊，那是因为你不懂生活，没有发现其中的美。懂得感受生活的人，总是能经营出不一样的乐趣，每一天都过得丰富多彩、斑斓多姿。生活中，当然应该有工作，同样也应该有业余爱好。如果你只知道死板地沉浸在一个工作或者物质里，那么你的人生将会黯然失色。一个人如果怀有浓烈的兴趣爱好，他必定比旁人更能体会生命的可贵可爱，获得精神的欢悦。

兴趣爱好使人眼界开阔，使人胸襟豁达，朝气蓬勃，个性也会得到充分发展，精神境界也会变得高尚。因为爱好，我们才会去自觉完成，深入研究，而且在做的过程中整个心情是愉悦的，开心的。

陈玉和她的老公李浩是大学同学，李浩家境比较好，毕业之后也有一份非常好的工作，生活可以说是非常宽裕。毕业之后没多久，他们就结婚了，自从和李浩结婚后，陈玉就在朋友的羡慕中辞职做了全职太太，然后和一般女人一样经历了怀孕、生子的过程。陈玉的人生似乎就应该围着老公李浩和孩子转了。可是她并不开心，因为陈玉感觉自己生活得很空虚，每天李浩回家后，他们的话题就是孩子今天怎么样，今天吃什么。陈玉越来越觉得自己的生活很压抑，需要呼吸一下外面的新鲜空气。

有一次，陈玉和以前的同学一起聚会，对以前的几个闺中密友说了自己的苦衷，其中一个同学张静对她说："陈玉你别不知足了，你这是生活过得太舒坦了，吃喝不愁，不用还房贷，也不用为了一点经济问题犯难，你还说空虚？"另外一个同学李云说："其实我还是比较理解陈玉的，因为之前我也是这样的生活，感觉都找不到自己了，一个人没有了生活的乐趣和追求的目标，简直生不如死，一个女人被限制在家庭中，的确很苦闷。其实我觉得陈玉应该重新去寻找生活的目标，有了兴趣，生活自然就有了意义。"听了朋友的话，陈玉决定出去工作，在一个舞蹈学校做老师。

从那以后，陈玉忙碌起来了，虽然忙，但她的生活开始有滋有味，她也慢慢地了解到老公工作的辛苦，两人的关系似乎又回到了恋爱的时候。

有自己的兴趣爱好，生活就会变得五彩缤纷，也会有着向上的动力，不会有闲心思去无聊、压抑。因为，一个有思想的人是不会允许自己的人生死气沉沉的。

以他人为镜，改正自己的缺点

孔子的《论语·述而》中记载：“子曰：‘三人行，必有我师焉；择其善者而从之，其不善者而改之。’”这句话的意思是说：孔子说，“别人之中，肯定有人能当我的老师。选择他们身上的闪光点学习，反省自己身上有没有和他们一样的缺点。如果有，则一定要加以改正。”其实，孔子是在告诉我们一定要虚心学习，学习其他人的优点，以他人为镜，改正自己的缺点。只有具备谦虚好学的精神，我们才能更加完善自己。

尽管人人都知道“三人行，必有我师焉”这句话，但是真正能够做到的人却很少。人性是有弱点的，大多数人都会不自觉地放大自己的优点，忽视自己的缺点，而放大别人的缺点，忽视别人的优点。如此一来，我们想要像孔子说的那样“择其善者而从之，其不善者而改之”就有了障碍。由此可见，要想向别人学习，我们首先要调整好自己的心态，才能看到别人的优点。常言道，骄傲使人退步，虚心使人进步。骄傲的人往往非常自满，无视别人的优点，只觉得自己才是最优秀的。虚心的人能够发现别人的优点，认识自己的不足，常常改正自身，所以进步也就是理所当然的。

在生活中，一个人的力量是非常有限的。即使博闻广记，也不可能掌握所有的知识。因此，我们应该学会借助于别人的力量帮助自己。现代职场，大多数以团队作战。所以，我们在虚心好学的同时，还应该放低自己，与他人合作。也许别人的某些方面不如你，你也不必表现出居高临下的自满状态，因为对方一定有某些方面是值得你学习的。如果没有团队精神，缺乏团队合作意识，你就将渐渐变得寸步难行。在团队中，要想取得成功，个人英雄主义绝对要不得，必须与每一个团队成员精诚合作，才能取得进步。

我们应该戒骄戒躁，虚心地向别人学习。很多时候，因为主观的局限，我们无法看到自己的缺点。当别人为我们指出不足的时候，我们一定要虚心接受，及时改正。遇到某些方面比我们优秀的人，我们也要不耻下问。这样一来，我们就能够采各家之所长，补一己之短，以最快的速度成长。

人的一生之中，有很多学习的机会。大学毕业后，虽然从校园里走了出来，然而，社会上有更多的人可以当我们的老师。如果新进一家公司，向前辈学习更是必须的。很多时候，校园里学习的知识只是理论知识，真正的实践出真知，是在我们走上工作岗位以后。只有虚心向优秀的人学习，我们自己才能变得更优秀。

第 11 章

低潮中改变自己，活出全新的自我

你是不是每天生活得不顺心，工作也不是那么令人满意，那你把这一切归功于什么呢？或许大部分人会认为这是环境造成的，社会大环境就是这样令人疲惫不堪，所以活得才那么累。其实，要想改变现状，与其抱怨环境，不如努力改变自己。

调整心态，让自己适应世界

有哲学家曾说，“人出生时之所以哇哇大哭，是因为我们预知生命必然充满痛苦，而迎接新生命到来的成人之所以满心欢喜，是因为世界上又多了一个人来分担他们的苦难”，这个理论很悲观。诚然，人生充满了悲喜，这对我们来说都是一种体验，成功与失败皆有两面性，或幸福或悲惨，都是由人的心态来决定的。如果你遭遇了挫折，乐观的人会告诉自己要坚强，这个挫折就是磨炼我们的契机，而悲观的人则会感到生活苦闷，无以为继，这就是心态的力量。很多时候，我们无法改变环境，但我们可以改变自己，变消极心态为积极心态，只有这样，我们才能改变自己的生活。

人生就像旅行，在前进的路上我们会看到美丽的风景，也会感受到寒冷的夜雨，当我们脚踩泥泞，看不清前路时，如果失去了朝气，丧失了斗志，那我们的人生岂能美好？虽然我们的力量弱小，无法改变世界，但我们可以改变自己的态度，调整自己的心态来适应世界的改变，这时必定会有“山重水复疑无路，柳暗花明又一村”的情形发生。

虽然，每个人的人生际遇不尽相同，但命运对每一个人都是公平的。就看你能不能磨砺一颗坚强的心，一双智慧的眼，透过岁月的沧桑看到熠熠生辉的星光。先不要说生活怎样对待你，而是应该问一问，你怎样对待生活。毕竟，积极心态最重要。保持一种什么样的心态，将直接决定你的生活质量。

当我们没有能力去改变世界的时候，尤其是我们正身处逆境时，只有不断地调整自己的心态，让自己适应世界，才能获得巨大的发展，改变自己是最明智的选择。

先否定自己，才有新的突破

有时候，“否定”并不是一个贬义词，纵观历史，一代思想家马克思一开始只想成为一名诗人，著名作家安徒生的第一理想是成为一名演员，而我国著名文学家鲁迅一开始则选择赴日学医……但最后，这些伟人都经历了去伪存真、自我否定的过程，最终放弃了自己最初的理想，及时调整了自己前进的方向，从而成就了自己。当然，这种自我否定并不是简单的“否定”，而是为了最终肯定自己而不断地进行优化选择，正所谓不破不立，只有做一个勇于否定自己的人，才能有新的发展与突破。

陶渊明曾在《归去来兮辞》中说“觉今是而昨非”，我们也应该有“觉今是而昨非”的勇气，做一个勇于否定自己的人。在人生的道路上，不断肯定、否定自己，让自己时刻归零，不因取得成绩而志得意满，也不因获得失败而低落气馁，这样创造出的成果才能经得住生活的锤炼，最终发出刺眼的光芒。

告别曾经的自己，成就全新的自己

有些时候，迫切应该改变的，或许不是环境，而是我们自己。改变自己，需要从改变自己的心态做起，首先你得否定原来的自己，学会反思，这需要很大的勇气，但是只有这样你才能真的认识自己，与原来那个不完美的自己告别，成就一个全新的自己。

英国有位很有名的主教的墓志铭说：

“少年时，意气风发，踌躇满志，当时梦想改变世界。但当我年事渐长，阅历增多，发现自己无力改变世界。于是，我缩小了范围，决定先改变我的国家，可这个目标还是太大了。接着我步入了中年，无奈之余，我将试图改变的对象锁定在最亲密的家人身上。但天不遂人愿，他们个个还是维持原样。

“当我垂垂老矣之时，终于顿悟：其实，我应该早就明白，我能改变的只有我自己！而且，通过我自己的改变，以身作则，或者能影响我的家人改变，进而影响我周围的人改变……说不定最终真的能影响国家呢……可是，你知道，我已经死了，没法从头再来！”

其实我们的人生又何尝不是这样，在渴望改变他人、改变世界的幻想中，一直徘徊不前，碌碌无为地度过了自己的这一生。改变世界、改变他人都太难，但改变自己却较为容易。求人不如求己。与其改变全世界，不如先改变自己。当自己改变后，眼中的世界自然也就跟着改变了。

A城遭遇经济危机，出租车行业也变得十分不景气，除了一位司机未受到影响，而且经常有人提前预定他的车。蒋某也是出租车司机，他对此感到十分不解，便问其中一个乘客为什么愿意坐他的车，那位乘客什么也没说，只是让他自己亲自去体验一下。

第二天，蒋某脱下工装，坐到了那位司机车中，上车后他惊讶地发现，不只车的外观十分干净，车的内部也十分整洁，不大的空间足见车的主人的细心。车子开到红绿灯时，司机停下来告诉蒋某，车的后面有最新的报纸和杂志，要是他觉得很闷，司机也可以和他聊任何他感兴趣的话题。到了目的地，蒋某再也按耐不住了，他问司机是什么时候开始这样做的。

司机说他以前其实也不是这样的，和大多数司机一样，他觉得开出租车只是一份谋生的职业，只要把乘客送到目的地就行了，所以对待乘客并不是很客气，甚至还会和乘客发生口角，弄得自己也很不开心。一次偶然的机会，他听到电台里一档节目里正在谈论关于人生的意义，大致意思是说：如果我们想改变世界，改变生活，那么首先要改变自己，改变自己的生活态度和心态。如果你想要快乐，首先要变成一个会制造快乐的人，这样你生活的坏境就会变得快乐。就是从那个时候开始，他决定做些改变。

第一步，他把车子的外观和内部做了改变，这样乘客坐上他的车心情就会变好，然后他在和乘客的交流中，逐渐改变自己的心态，学会倾听和逗乐，这样不只别人开心，他自己也会很轻松、很愉快。

人生就像驾车，每个人都可能成为司机，迎来送往每个生命中的过客，如果我们一味地期待着别人改变的话，那就等于是把方向盘交给了别人。有心理专家曾指出：其实，从本质上说我们周围的环境是中性的，我们之所以觉得它有好有坏，是因为我们将我们乐观或消极的情绪强加给了它，问题的关键是你倾向选择哪一种？也就是说，就算你周围的环境是一成不变的，但是只要你自己改变了，那么你周围的环境也会随之发生改变。

总之，如果你希望看到你的世界改变，那么第一个必须改变的就是自己。心绪改变，态度就会改变；态度改变，习惯就会改变；习惯变了，人生就会改变。

当你无法改变世界，改变社会，改变周围的人的时候，你可以试着改变自己，因为这世上唯有自己是受你灵活支配的。而当你改变自己的时候，你会发现周围的世界也会跟着你的改变而发生改变。

前面的路终究靠自己走下去

人生旅途，总有些期待不能如愿，总有些渴望不能实现。人生几何，总有些坎坷需要跨越，总有些责任需要担当。不断地跌倒，才有不断的顽强与收获；不停的风雨，才有不断的历练与茁壮。依赖心理是每个人都或多或少会有的，但它很大程度上取决于自己的思维模式。所以，依赖心理能否摆脱，很大程度上取决于依赖者自己。现在的年轻人，多是独生子女，都是被家长捧在手心长大的，所以即使已经开始步入社会也难免会有依赖心理，但是你总要明白，自己的路终究是要靠着自己走下去的。

只有摆脱依赖，学会自己生存，我们才能真的做到靠自己生活。年轻人，或许现在你还只是刚被放出笼的小鸟，需要妈妈的庇护，但是迟早有一天，知名企业的老板会是和你一样大的年轻人，社会的主体会是和你一样大的年轻人，整个社会的掌舵人也会是和你一样大的年轻人。到那时候，如果我们没有自己生存的能力，那么就只能被社会淘汰了。

会依赖说明我们很信任对方，但同时也说明我们还没有真的走向成熟。每个人都是独立的个体，要想真的长大，成为独当一面的人，就必须摆脱依赖，学会相信自己，自己给自己拿主意。

抱怨无法让你的生活变美好

有多少庸庸碌碌的人是在抱怨之中失去人生的？大多数人都注意到成功人士头顶的光环，却丝毫没有留意到失败者失败的根源所在。和失败的诸多原因相比，抱怨无疑是最让人感到遗憾和绝望的，因为抱怨完全是主观因素，并非无法改变的客观因素。偏偏是这个主观因素让人无知无觉，还深陷其中，因而也就有越来越多的人因为抱怨彻底失去了逆袭人生的机会，从而让自己碌碌无为，满心愤懑。

对于任何人而言，抱怨都是一件糟糕的事情，除了让人得到暂时的发泄之外，几乎没有人能够从抱怨之中得到积极正向的能量。有人抱怨命运不公平，让自己生得太丑；有人抱怨父母无权无势，无法给自己的人生奠定基础；有人抱怨自己每天乘车几个小时往返公司，却只能拿到微薄的薪水；还有人抱怨了解自己的人太少，遇到的人又都不适合做朋友……只要我们拥有一颗喜欢抱怨的心，就总是能够从生活中找到可以抱怨的人或者事情，哪怕天上突然刮起大风，或者地上飞沙走石，都可以成为抱怨的借口。

抱怨从来不能让这个世界变得更加美丽，更无法使我们的生活变得美好，也无法驱散天空中的雾霾，我们一边要忍受着更加严重的雾霾天气，一边还要承受抱怨带来的郁郁寡欢和愤愤不平，如此一来岂不更加得不偿失吗？抱怨一次又一次不厌其烦地提醒着我们留意生活中的苦难和不快，却不能帮助我们驱散哪怕是一丝一毫的阴霾，反而会使人更加意志消沉，全无兴致继续面对生活。因而明智的人从不抱怨，他们知道抱怨是人生的毒瘤，只有早日彻底摘除，人生才能柳暗花明，阳光明媚。

偶尔的抱怨也许能够帮助我们宣泄情绪，但是一味地抱怨则会蒙蔽我们的心灵，使我们即使在面对人生机遇时，也无法及时抓住机会，甚至还会与机遇失之交臂。正如大文豪泰戈尔所说，假如你因为错过太阳而流泪，那么你就连群星也错过了。任何时候，不管面对怎样的人生，我们都应该怀有积极乐观的心态，这样才能坦然面对人生的坎坷和挫折，也才能赢得更加美好的人生。

第12章

低潮中锻炼耐力，坚强意志能战胜挫折

面对困难和挫折，我们需要有坚强的意志。意志是什么呢？可以通俗地理解为一种不倒的精神，在任何时候都不会有丝毫的放弃，只有鼓足了勇气朝前冲，这样我们才能斩断荆棘，走向未来的坦途。

力量源于不屈不挠的意志

印度国父甘地曾说：“力量不是来自于体力，而是来自于不屈不挠的意志。”坚强的意志力，可以帮助人们成就很多奇迹，在生活中，各个方面都有无数难题，有些人被困难打败，承认失败，有些人则咬紧牙关坚持前行，两者的差别只在于意志与决心。人最大的财富就是意志，坚强的意志力可以帮助我们征服一个又一个困难，让我们从一个胜利走向另一个胜利，唯有坚持自己的脚步，成功才能对我们打开大门。

有一家非常有名的企业，每年都有无数的年轻人渴望进入这家公司工作，竞争非常的激烈。有一次，这家公司预计招聘管理人员，作为公司的重点培养对象，这个机会十分难得，每名竞争者都有一种“千军万马过独木桥”的感受。经过层层筛选过后，有10名佼佼者脱颖而出。但主考官发现有一名成绩特别出色，面试时给他留下深刻印象的年轻人却不在这个名单中。主考官感到很奇怪，便叫助理去复查了下那位年轻人的考试情况，结果发现由于电脑系统故障，没有录入这位年轻人的考试成绩，而他原本足以挤入前三甲，于是主考官立即叫人补发了录取通知书。

谁知，第二天主考官听闻，那位年轻人由于应聘失败，感到心灰意冷，已经跳楼自杀了，当补发的录取通知书送到的时候，他已经永远闭上了眼睛。得知这个消息，主考官久久没有说话，助理在旁边惋惜道："真是可惜了，这么一位有才华的年轻人，却不能为我们所用。"

"不，"主考官摇摇头，"幸好我们公司没有录用他，意志如此软弱，经不起一点打击的人是成不了大事的。"

所有成就大事的人，都拥有超强的意志力，他们坚信，失败只是更走近成功的一个过程，当走通所有失败的道路时，唯一剩下的一条路就是成功。成功本没有秘密，只有坚持不懈这一条真理，人生就好比在不断进行的赛事，无论晋级还是淘汰，我们都应该有一份超越自我、挑战自我的决心，以及一份永不言败、永不言弃的心情。

有些人认为意志是与生俱来的，其实不然，它是一种可以培养和发展的能力，词典上将"意志力"解释为"控制人的冲动和行动的力量"，这说明它是可以控制、培养的，下面就让我们看看要如何培养我们的意志力。

1.克服懒惰

积极做事，克服懒惰情绪，将帮助我们集中注意力，积极投身于实现自身目标的具体实践中。

2.确定目标

有学者曾研究发现，那些意志力坚强的人都是那些目标最明确、最具体的人，他们知道自己应该如何进行下一步，并逐步去实行。

3.分清利弊

很多时候，人们没有坚持下去的原因是没有分清利弊，如果你能清晰地得知自己即将失去的和即将得到的，通过仔细比较，那聚集起自己的意志力就更加容易了。

4.改变自我

最终意志力的产生来源于人自身的改变，改变自己的形象、改变自己的梦想，从而为之努力，意志可以让人信服，但只有在被自己的主观意识刺激时，才能真正得以相应。

5.磨炼意志

大量的事实证明，磨练自己的精神以增强意志力，有助于帮助自己成为一个具有顽强意志的人，以便日后能够战胜困难的挑战。

6.坚持己见

俗话说，“有志者事竟成”，说的就是坚持己见，与困难斗争并战胜它的意思，要知道，坚强的意志不是在一朝一夕间产生的，而是在我们不断坚持自己的意识时累积下来的。

成就大事，不仅要具有外在的能力，还要具有坚强的意志力，只有坚定的心理素质，不为任何磨难摧残，才能够越过坎坷，直达胜利大道。

要想成功，唯有付出时间和汗水

坚持，不容易，而坚持到底，就更加困难了。智者曾说，“成功靠奋斗，奋斗靠坚持”，能够坚持奋斗，不屈不挠，我们的理想人生才能如愿以偿。成功从不会从天降，需要我们付出时间和心血。

人生从不是一片坦途，真正的人生需要我们不断为之拼搏奋斗，也许在这条路上，你没有收获到你想要的成功果实，但你经历过，感悟过，这也可以说是一种收获。不管未来的路有多艰难，只要我们坚定正确的方向，努力坚持，无论处于何种困境都不放弃，那我们都比站在原地等待要幸福得多。

世界上的成功的路有千千万，不同的人会有不同的道路，而是否成功，不在于我们选择了什么样的道路，而是在于我们是否能够毫不犹豫地坚持下去。无论这条路是否好走，只有坚定不移地走下去，我们才能取得成功，才能为自己的辉煌人生添上浓重的一笔。

那些能够坚持到底的人，永远也不会被无聊的悔恨和悲伤的情绪所折磨，他们总是充满阳光、热情、欢笑和希望，问心无愧地享受着努力之后的成果，这是人生给予他们的平凡而普通的奖励，这是他们用坚韧和克制的内心，无穷无尽的心血与汗水换来的。人生最大的光荣和幸福，莫过于能够坚定地为自己选择的目标去努力，并坚持到底，最终取得成功。

毅力能创造奇迹，可化腐朽为神奇

人生就像战场，如果遭遇挫折就心生气馁，让自己打了退堂鼓，那么怎么成就大事呢？很多人最后之所以没有成功，不是他们能力不足、没有诚心或者淡却了对成功的渴望，而是他们没有足够的恒心。这些人做事情常常是有始无终、虎头蛇尾，做事的过程也是东挪西借、草草了事。对于自己眼下的行动他们总是没有信心，永远活在犹豫不决中。没有哪个优柔寡断，做事迟疑不决的人能够获得成功的。坚忍的人都会依赖自己倔强的品质抵御人生一切逆境，人如果缺乏了这种坚忍性格，则很难获得成功。一个人若想脱离困境，成就一番大事业，就必须依靠坚忍的品格与超强的意志力来支撑自己。

一个人若想成事，最重要的就是“坚忍”，不管做什么事，只要一直努力，始终往前看，坚持在前往目标的道路上矢志不移才有可能获得成功。顽强和坚忍，是行动的基础，是一个人迈向成功的极为重要的心理素质。面对各种逆境，我们应该努力磨练自己的意志，时常提醒自己要坚持住，不忘初心。有志向的人都不想屈居下游，而坚忍就没有做不好的事情，坚持之下，金石也会为之所开。

通达梦想彼岸的过程常常是艰辛的，所以我们很多时候，更需要的是坚忍。没有谁的成功是随随便便达成的，只有经历了挫折与困难的洗礼，人才能真正的成熟，真正迈向成功。

人生再难，也别在困顿中丢掉意志

“穷且益坚，不坠青云之志”这句话来源于初唐诗人王勃的《滕王阁序》，“穷”并不是指“穷苦”的意思，在古文中象征着精神层面的意义，可以理解为“不得志，处境艰难、窘迫”，这句话主要是说“一个人处境越是艰难，就越是坚韧不拔，不丢失高远之志”！是的，人必须要有伟大的志向，即便人生再艰难，也不能让自己在困顿中丧失意志，丢弃自己的志向。我们要谨记自己的使命，时刻记住自己的志向，时刻为自己的志向付出比常人更多的努力，最重要的是要坚持到底，最终才能实现自己的梦想。

能实现自己志向的人，对他个人而言，他是一个成功者，也是一个幸福者。心存远大志向是成功的必要条件，但是仅仅拥有志向，你不一定能得到成功；不过如果没有自己的志向，成功对你而言就无从谈起。生活中，能做到坚守志向，执着追求的人又有多少呢？不论前途多么渺茫，不论世事多么的艰难，心在路上，脚在路上，一路前行，就没有到不了的明天。

坚定自己，活出你想要的精彩

梦想，听上去总是有些浪漫主义的色彩。的确，对于年轻人来说，浪漫主义是心底永远的旋律。人生，总是那么艰难，如果没有梦想的支持，如何能够披荆斩棘，破浪前行呢？恰恰是浪漫主义色彩的梦想，让我们鼓起勇气，无所畏惧。很多年轻人都坚定不移地相信自己，正是这种相信，让他们有勇气开始。然而，生活中也不乏有些年轻人总是怀疑自己。有的时候，明明他们已经想好怎么去做，却因为他人的一句质疑而马上改变主意。正是因为这样的性格，他们总是无法迈出脚步，让所有梦想都停滞在幻想阶段。尽管相信自己的年轻人有些固执，但是和不自信的年轻人相比，他们最起码能够勇敢地迈出第一步。

就像一位伟人说的，这个世界上绝对没有两片完全相同的叶子。同样的道理，这个世界上也绝对没有两个完全相同的人。每个人，都应该相信自己是独特的存在。既然如此，我们为什么要让别人安排自己的生活呢？即使这个人是我们最亲近的爸爸或者妈妈，他们也无法完全了解我们的内心和我们的渴望。要想活出自己的精彩，我们必须坚定不移地相信自己。对于成功，每个人都有自己的定义，根本没有统一的标准。而相对于自己，成功就是成为最好的自己。成功是不可复制的，每个人在成功之后会发现，自己走出了属于自己的一条路。

年轻人们我们应该具有相信自己的精神。很多时候，真理掌握在少数人手里，即使是人生之中的奋斗、尝试，我们也应该勇敢地相信自己，无所畏惧地迈出第一步。唯有如此，我们才不负青春，不负人生短暂的光阴。

如果自己都不相信自己，你还能指望谁相信你呢？相信自己，你就可以迈出一步；不相信自己，你就永远只能止步不前。人生，需要迎接改变，无畏挑战。如果不能勇敢地迈出自己的第一步，你再回首的时候，一定会对自己的人生平添些许遗憾。

第13章

低潮中主动出击，你等的机会才会来

人不是被动地接受着一切，领导安排你才去做，恋人生气了才会想着改变……被动的人生往往是令人遗憾的，我们要善于主动出击，积极行动，把事情做好，主动向着高处走必可以走出低谷。

从内部孕育生命，才会收获更多惊喜

鸡蛋从外部打破，是我们再熟悉不过的一种家常食品，虽然非常美味，但总归是平淡无奇的。反之，鸡蛋经过孕育之后，那也就意味着一个新生命的诞生，必然带给人们无尽的惊喜。毫无疑问，一种食物和一个新生命相比，新生命带给人们的惊喜、感动，是不可言喻的。如果把人生比喻成鸡蛋，你想成为一种平淡无奇的家常食物，还是想要成为一个带给人惊喜和感动的新生命？相信大多数人都会毫不犹豫地选择后者。

没有人愿意碌碌无为地度过平庸的一生，每个人都想让自己的人生变得精彩绝伦，也能够吸引众人的赞赏和艳羡。然而，人生不如意十之八九，对于时而处于顺境、时而处于逆境的人生，我们必须付出更多，才能如愿以偿。其实对于人生而言，最重要的就是主动出击，像破壳而出的小鸡仔一样，我们必须从内部孕育生命，才能得到更多的惊喜和收获。

现实生活中，很多人都已经习惯了被动地接受命运的安排。他们从呱呱坠地开始，就接受父母的安排，在父母的精心照顾下完成基本的生理需求——吃喝拉撒。等到渐渐长大，父母依然在庇护着他们，让他们衣食无忧。殊不知，父母这样的做法并非是真的对子女好，也许他们无微不至的爱反而会剥夺了子女独自面对生活的权利，最终也使得子女失去独立生存的能力，变得充满惰性，胆小怯懦，根本无法独自面对人生的风雨。明智的父母在子女刚刚羽翼丰满之时，就会抓住各种机会培养子女独自生存的能力，也正因为如此，子女才能变得越来越强大，最终在父母老去时能够独自撑起一片天空。其实不仅是关于家庭教育问题如此，面对人生更是应该如此。任何人，只有具备主动出击的胆识和魄力，才能不破不立，让自己的人生更加精彩纷呈。

如果一个人因循守旧，总是守着旧日的规定和行为习惯，从来不去思考是否有新的方式面对生活，最终他们会变得越来越懒惰，也失去能动性。纵观古今中外，大凡成功人士无一不是主动积极的。他们不管是在顺境中还是逆境中，都能做到主动出击，从而帮助自己寻找更多的机会。也因为能够勇敢地打破常规，所以他们往往能够超越自我，突破自我，实现自我。

正向思维，指引你成为自己

所谓正向思维，顾名思义，就是遵循事物的发展规律，从现状推测未来的思维模式。要想使用正向思维，首先要对现状进行入木三分的了解。唯有深刻了解现状，推断才是有据可循的。在了解现状的基础上，要想进行正向思维，还要具有推断能力，这一切都要依赖于良好的逻辑分析能力。当然，接受变化也是必须的条件。很多人固步自封，不愿意接受改变，自然也就无法采用正向思维的方式。可以说，正向思维是一种发展的思维。如今，社会的发展非常快速，各种事物日新月异，我们的思维也应该跟得上时代的脚步，用发展的角度考虑问题、预测未来。和正向思维相对应的，是负向思维。负向思维是一种封闭的思维方式，习惯于进行负向思维的人，往往固步自封，拒绝变化。也正因为如此，他们总是悲观绝望，对自己的未来不看好。简而言之，拥有正向思维的人是积极的，对自己的未来充满信心。反之，拥有负向思维的人是消极的，对前途悲观失望。

在很多时候，这两种思维决定了不同的人生。试想，如果你是一名年轻人，你正在面临创业。你拥有正向思维，你先充分考虑和分析了自己的现状，对于自己的优势和劣势了然于胸，但是你并没有被可以预见的困难吓倒，因为创业原本就是一条充满荆棘的路，你有信心战胜困难，实现自我。所以，你做好准备，勇往直前地迈上了创业的道路。你成功了，你的人生从此与众不同；你失败了，但是你理智地积累经验，吸取教训，准备再接再厉。相反地，你拥有负向思维。在创业的时候，你被自己在头脑中臆想出来的困难吓倒了。你原本有很大的胜算，就是因为害怕承受失败的打击，所以你放弃尝试。从此之后，你的人生裹足不前，因为任何尝试都有失败的风险，都不可能做到百分之百成功。就这样，你的人生从此唯唯诺诺，就像契诃夫笔下的套中人，总是不愿意面对现实。看到这里，聪明的读者一定知道自己应该用哪种思维方式探讨人生了吧！没错，就是正向思维。

人生，就是用来经历的。思虑太重的人，往往因为忧思裹足不前。任何成功，都必须经过尝试和失败，才会摘取果实。行动起来吧，年轻人们!

正向思维的人们积极乐观，遇到事情能够勇敢面对，不会逃避，对前途和未来也充满信心。负向思维的人们情绪消沉，一遇到事情就会敲响退堂鼓，只会逃避，对前途和未来没有信心，总是悲观失望。

人生总是布满荆棘，没有任何成功能够一蹴而就。要想取得成功，每个人都应该采取正向思维，只要迈出第一步，你就能战胜自己内心的恐惧。加油，行动派们！

善于借力，有合作意识

我们常常说成功是没有捷径的，其实是想告诫人们不管做什么事情都要踏踏实实，不要妄想投机取巧。其实，成功是有捷径的，那就是学习成功的前辈，从他们身上吸取经验和教训，从而少走弯路。这是一种学习，能够帮助我们避免在摸索的道路上碰得头破血流，也能节省我们宝贵的时间。当然，前提是你要有虚心学习的态度，并且能够有选择地学习，把他们的成功经验结合自己的实际情况，从而产生切合实际的金点子、好主意。

人类社会之所以发展得这么快，突飞猛进，就是因为文明的传承。试想，如果不是前辈们发明了火，并且传下来宝贵的火种，也许我们现在还在茹毛饮血。如果不是弗兰克林发现了电并且对其进行研究，如果不是爱迪生发明了灯泡，给全世界带来了光明，哪里有现在的工业文明呢？全人类的精神文明，都像是一棒接一棒的接力赛，不断积累和传承，所以才有了今天的文明世界。虽然他人的经验未必会以文字的形式流传下来，但是三人行必有我师。只要处处留心，从身边的人身上，我们就能学到很多的知识。很多人也许会说，我想学，别人未必会教我啊。其实，学习的方式有很多种，诸如观察，完全不需要别人教授你秘诀，你只要通过自己的眼睛，就能明白七八分的奥妙。此外，现代的市场经济下，取长补短的合作也是一种共赢的学习方式。他有技术，你有资金，如果你们能够合作，自然是珠联璧合。当然，前提是要达成合作的共识，要有良好的合作意识。这么说来，你是不是恍然大悟，觉得突然之间有很多学习的捷径可走呢？

大学毕业后，学习软件开发的李刚很想成立一家自己的软件公司。从大学时代开始，他就为外面的一些软件公司研发软件，可以说技术层面是完全没有问题的。但是，他没有资金。原本想成为自由职业者的他，突然想到了一个好主意：找投资人入股，自己则以技术入股。当时，正是软件发展的顶峰时期，成立软件公司，并不需要大量的资金。为此，李刚特意邀请了好几个同学，来商量这件事情。其中有个同学家里很有钱，开办软件公司的启动资金轻而易举就能拿出来。而且，他对于软件公司也比较感兴趣。就这样，李刚和那位同学达成一致。李刚技术入股，负责经营，占49%的股份。那位同学提供全部所需资金，负责管理，占51%的股份。很快，就在其他同学还四处奔忙找工作的时候，李刚的软件公司红红火火地开业了。凭借大学期间积累的人脉和客户关系，他们刚刚开业就签了好几单子。对于这样的合作方式，李刚和同学都非常满意。

李刚很聪明，即将大学毕业的他不想成为一个普通的打工仔，又因为自由职业不够稳定，所以，他通过与同学合作，找到了人生的第一桶金，成功开创了自己的软件公司。从某种意义上来说，这就是一种从他人身上找到的捷径。试想，如果李刚依靠自己辛勤地工作来积累资金开公司，且不说他出去的生活成本也要积攒好几年才能有些资本，市场的机会也会转瞬即逝。现代社会很多行业都讲究合作，我们必须具有合作意识，才能取得共赢，才能让自己在通往成功的道路上更加省时省力。

年轻人们，你们在追求成功的路上是否也面临困惑呢？或者缺少经验，或者缺少资金，这方面的欠缺都是很好弥补的。只需要合作共赢，就能很快解决。当然，如果你既没有经验，也没有资金，那就要多多开动脑筋，看看身边的人如何在成功的道路上大踏步前进的。所谓三人行，必有我师。即使你们毕业于高等院校，学历很高，也千万不要妄自尊大。毕竟，学识、能力和经验都是成功必不可少的要素，缺一不可。从现在开始，奔跑吧！

在其他人的身上，我们只要成为有心人，总能发现值得我们学习的地方。很多时候，汲取他人的经验和教训，能使我们少走弯路，这也就是所谓的捷径。每个人都渴望成功，然而，随着社会分工越来越细化，很多时候我们必须和他人合作，这样才能共赢。捷径总是有的，就看你是否用心寻找，具有合作意识。

人生的路是你自己走出来的

每个人都有属于自己的成功之路，每个人在通往人生终点的路上经历都是完全不同的。这就导致每个人的成功和失败都不可复制，每个人的人生都毫无可比性。现实生活中，我们见到太多的人喜欢与他人攀比，喜欢羡慕他人的成功，甚至照搬他人的经验，喜欢以他人的失败为界，甚至为此止步不前。殊不知，他人的成功未必会成为你的成功，他人的失败也未必在你身上再次出现。任何情况下，我们都要从自身情况出发，根据自身情况，做出正确的选择。但丁说：走自己的路，让别人说去吧。我们要说：走自己的路，不要因为别人的失败畏缩不前，也不要因为别人的成功就盲目乐观。他人的一切经验和教训，都只能作为参考，而永远无法在我们身上还原。

一只大闸蟹在短短几个月的成长周期里，要经历二十八次的蜕壳。一个人在漫长的成长中，更是要经历无数次的自我突破和超越。别说是成功了，哪怕只是成长，也需要我们不停地历练。经过无数次心灵的挣扎，经过无数次的哭泣和欢笑，经过无数次跌倒之后再站起来，也经历无数次风雨的洗涤，我们从呱呱坠地的婴儿，到茁壮成长。也许我们最终一事无成，和无数的普通人一样平凡而又平庸，但是我们经历的一切，都是生命赐予我们的最宝贵的馈赠。

很多人抱怨自己不幸福，或者幸福的指数远远没有他们想象的那么高，其实未必是因为生活多么眷顾那些幸福的人，而只是他们心智成熟，能够张开双臂去拥抱生活的一切赠与。任何时候，不管生活多么艰难，我们都要相信路是人走出来的，我们的路就在我们的脚下。也正因为如此，关于生活中那些重要的抉择，在有了独立思考的能力之后，我们就要摆脱父母的羽翼，独自一个人去面对。没有人能够代替你做出选择，你的人生无人能够取代。当然，这样的独立自主并非是毫无限制的自由。自由，不是随心所欲，更不是为所欲为。真正的自由，是我们能够在保证自己自由的情况下，也坚决不去影响和妨碍他人。这样的自由，才是成熟的自由。因此，你尽可以好好地走自己的路，但是你不要忘记，你活在人群中。听起来这似乎有些像是绕口令，绕来绕去。实际上，这是人生的真理。

当我们独自行走在人生路上，我们既要为自己负责，也要避免妨碍他人。不管前路多么坎坷，充满挫折，我们都依然只能踯躅独行。亲人、朋友、爱人，或许能够陪伴我们一程，但是归根结底，人生的路只在我们的脚下。明白这一点，你是否觉得自己肩上沉甸甸的，是否觉得自己成为了顶天立地的人？点点滴滴的努力都不会白费，在人生之路上的坚持，会使你最终收获意外的惊喜。

刚刚出生时，海伦是一个非常健康的孩子。她和所有的孩子一样活泼可爱，有着灵动的大眼睛和敏捷的听力。然而，在她19个月的时候，因为患了一场严重的疾病，导致她不但失去了视觉，还失去了听力，最终变成了聋哑人。对于年幼的孩子而言，这样的打击无疑是致命的，然而海伦没有放弃。在7岁那年，父母为她请来家庭教师安妮，自此，她开始克服身体的障碍，努力学习。安妮显然是海伦的引导者，她一直陪伴着海伦，不离不弃。后来，海伦不但学会了读书、说话，还凭借自己的努力考入了大学。再后来，海伦开始写作，她的《假如给我三天光明》等十几篇作品，在世界范围内都引起了广泛的影响。

海伦身残志坚，尽管自己本身就是重度残疾患者，却四处演讲，还为更多的残疾人积极呼吁，成立基金会。不得不说，海伦走出了属于自己的人生之路，她的成功也为全世界的残疾人照亮了道路。

在海伦的经历中，如果她没有顽强的意志，在重度残疾之后就自暴自弃，那么她一定无法活得这么成功。她的路，是她自己走出来的。安妮老师的陪伴，也给了海伦终生的支撑。然而，无论外界的环境多么恶劣，海伦自己始终没有放弃，这才是她获得成功的真正原因。

路，就在每个人的脚下。你是选择平稳地前行，还是选择一路奔跑，或者选择原地踏步，甚至是倒退，完全在于你的抉择。任何人在面对自己的人生时，除了不更事的时候由父母代为安排之外，都要凭借自己的努力才能创造属于自己的辉煌。

梦想变现实，需要付诸实际行动

每个人都渴望成功，每个人对于成功的定义，也都是不同的。从个性的角度来说，成功也是极具个性的。对于成功，我们既不能盲目追随他人，也不能一味地顺应自己懒惰的本性。真正的智者，会略微拔高自己，让自己努力一下，才能获得梦寐以求的成功。正是在这样追求一次又一次成功的过程中，我们得到了切实的成长。那么，也许有人会说，我有很多充满灵感的创意，我应该很快就能获得成功吧？的确，在信息时代，好的创意能够帮助我们做事情取得事半功倍的效果。然而，现实情况却是，如果你的金点子始终停留在空想阶段，它很快就会变得一文不值。任何金点子，都必须符合当时的时机，才能真正起到预期的作用。要知道，金点子的有效期是非常短暂的。一旦你错过了金点子的有效期，金点子就变得一无用处。既然如此，我们在产生金点子的时候，一定要马上当机立断，展开行动，为自己的金点子创造更好的条件，使其变为现实。

其实，人们从来不缺乏好创意，遗憾的是很多创意因为从不落实，最终变成了空谈。从另外一个角度来说，正如哲学家所说的理论要和实践相结合。如果好的创意不能与行动结合起来，行动就会变得乏味，好创意也会渐渐失去灵感，变得枯竭。只有当我们努力把创意变为现实，并且在实现创意的过程中不断地验证自己的情况下，我们的金点子才会越来越层出不穷，也才会越来越完美。由此可以看出，创意和实践是相辅相成的关系。任何人都不可能闭门造车，更不可能在没有实践的情况下创意频现。相反，在实践中检验真理，在实践中发现各种问题，从而弥补不足，扬长避短，就能使金点子越来越完美，越来越具有可行性。

高中毕业后，作为同乡的小文和小薇都没有考上理想的大学。思来想去，一直喜欢服装设计的小文，跃跃欲试地想开一家服装店，即为客户量身定做，提供各种面料和款式，供客户实现最满意的选择。为此，小文报名服装设计培训班，又在学成之后去了南方的服装厂，认认真真、踏踏实实地在流水线上工作了一年多。回家之后，小文看到小薇依然待在家里打零工，因而邀请小薇和她一起创业。不想，小薇犹豫地说：“创业是需要资金的。我们并没有多少资金，而且也缺乏经验，万一失败了怎么办呢！我辛辛苦苦攒了一年多，才积攒了这么点儿积蓄，我可不想冒险。”

小文笑着说：“你呀，当初真应该和我一起去学服装设计。你可不知道，如今大城市里特别流行成衣定制。毕竟批量生产的服装很难满足人们对于个性的满足，而且有些人因为体形型不是大众化的，所以很难买到合体的衣服。”听了小文的话，小薇有些犹豫了。然而，小文看到小薇好几天没给自己回话，当机立断和另一个朋友凑了点儿钱，租了个小小的门面房，就开始营业了。果然，在大家都已经对成品服装有些厌倦的当下，他们的成衣店因为款式新颖独特，而且做工非常精细，很快就创造了良好的口碑，几乎天天都是顾客盈门。

两年多过去了，小文已经开了第二家分店，事业做得风生水起。小薇呢，依然打着零工，工作没有着落。虽然小薇很后悔当初没有和小文合伙开店，但是这个世界上可没有后悔药可吃。她只能眼睁睁地看着小文买了房子买了车，俨然成了大老板。

如果小文没有马上就开始行动，去学习服装设计，去服装厂练习手艺，而是像小薇一样瞻前顾后，那么她永远也不可能成功地拥有属于自己的连锁店。也许，她现在也会像小薇一样还在打零工呢！看着今日不可同日而语的小文，小薇心里必然百感交集吧。

每个人在生命的旅途中，都会遇到各种各样的机会，也会因为脑中灵光一闪，拥有无数的好创意、金点子。谁说那些能够帮助人们成功的创意不会光顾我们平凡的头脑呢，很多时候，只要你勇敢地把金点子变成现实，哪怕只有几小步，你也会有非同寻常的发现。任何时候，我们都要坚定不移地相信自己，因为只有我们自己才能成就自己。很多时候，成功就在一念之间。当你能够勇敢地面对自己的人生，当你愿意为自己一个偶然的想法去尝试、去奋斗，你就会有意外惊喜的发现。

对于任何人而言，成功都触手可及，又远在天边。最重要的是，你千万不要错过自己的那些金点子。当你把握住这些千载难逢的好机会，你就会发现成功其实离你很近。有些人临渊羡鱼，有些人则勇敢地尝试和努力。我们与其羡慕别人的成功，不如更好地把握自己的人生，创造属于自己的奇迹。命运总是公平的，千万不要在好机会悄然溜走时浑然不觉。

主动出击，拒绝被动地等待

每一个生命，都是熊熊燃烧的火焰。主动的人生，更是能够融化坚冰。和这些积极主动的人生相比，被动的人生则显得奄奄一息。因而，如果你想要获得成功，想让自己的一生更加绚烂，就要调整心态，拒绝被动地等待，不管做什么事情，都动起来吧！

生活中，有些人总是缺乏规划，即便对于人生，他们也是抱着听天由命的态度。听天由命，是完全的被动。随遇而安，是努力之后的顺从和坦然。当你做一切事情都要等待父母的安排，等待领导的安排，可以预见你的人生必然乏善可陈，你在工作上的表现也会令人尴尬。一个积极主动的人，总是从小开始就表现出与众不同。他们从很小的时候就开始主动学习，成为学习的主人；在长大之后，又积极规划，成为命运的主人；在通往成功的路上，他们更是不断地进取，胜不骄败不馁，始终保持积极的状态。他们给予所有人相同的印象，他们是一团热情的火。

积极主动不仅表现在对人生的把握上，也表现在人生的态度上。诸如，一个积极主动的人不会拒绝他人的帮助，因为他知道他需要别人的帮助，也会在别人需要的时候给予别人慷慨的帮助；他们从不会因为朋友提出的中肯建议而与其反目，因为他们知道忠言逆耳，良药苦口，只有真正的朋友才会慷慨地给予他们建议。他们也从不悲伤绝望，即便人生前路漫漫，让人分不清楚方向，他们也依然勇往直前。正是这样的积极，使得他们能够敞开胸怀拥抱人生，也能够得到人生慷慨的馈赠。有人说积极主动，就是要有进取心。我们说，积极主动，也要有平常心。生活中不难见到有些人，原本还是乐观的，一旦遭到挫折，就会马上变得垂头丧气，根本不知道如何面对接下来的生活。不得不说，这样的人生是苍白的。真正的强者，就像高尔基笔下的海燕一样，能够顶风翱翔，从不气馁。从现在开始，就让我们积极主动地面对人生吧，就让我们拥有生命的熊熊火焰吧！

人生很奇妙，充满着各种各样神奇的事情。我们无法决定自己的出生，但是我们应该感谢命运，让我们来到世界上走一遭。在这个熙熙攘攘的世界上，我们用眼睛，用心灵，见识一切。因而，不管你是美还是丑，不管你是健康还是残疾，都感谢给予你生命的父母吧。是他们，给你了与众不同的生命，也给了你体验这个世界的机会。

面对生活的挫折和磨难，永远也不要抱怨。因为你的抱怨非但于事无补，反而还会导致一些事情更加糟糕。当你对抗厄运的时候，也许厄运会更加变本加厉。相反，当你坦然接受厄运，并且毫不抱怨地改变厄运时，厄运就会成为命运对你最好的磨砺。

参考文献

[1]菲利博士.走出暗黑：赢在人生7个低谷[M].长沙：湖南文艺出版社，2013.

[2]姚远.走过低谷，就是上坡[M].北京：华夏出版社，2014.

[3]蒋光宇.无折磨不青春[M].北京：北京理工大学出版社，2015.

[4]苏清涛.谁的人生没有低潮，有路就好[M].北京：北京联合出版公司，2016.

[5]杨倩琳.人生没有永远的低潮[M].北京：北京联合出版公司，2018.